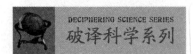

DECIPHERING SCIENCE SERIES

破译科学系列

王志艳◎编著

U0640569

生物未解之谜
大揭秘

科学是永无止境的
它是个永恒之谜
科学的真理源自不懈的探索与追求
只有努力找出真相，才能还原科学本身

延边大学出版社

图书在版编目（CIP）数据

生物未解之谜大揭秘 / 王志艳编著．—延吉：延边大学出版社，2012.6（2021.6 重印）
（破译科学系列）
ISBN 978-7-5634-4939-2

Ⅰ．①生… Ⅱ．①王… Ⅲ．①生物－普及读物 Ⅳ．① Q1-49

中国版本图书馆 CIP 数据核字（2012）第 135213 号

生物未解之谜大揭秘

编　　著：王志艳
责任编辑：李东哲
封面设计：映像视觉
出版发行：延边大学出版社
社　　址：吉林省延吉市公园路 977 号　邮编：133002
电　　话：0433-2732435 传真：0433-2732434
网　　址：http://www.ydcbs.com
印　　刷：永清县晔盛亚胶印有限公司
开　　本：16K　165×230 毫米
印　　张：12 印张
字　　数：200 千字
版　　次：2012 年 6 月第 1 版
印　　次：2021 年 6 月第 3 次印刷
书　　号：ISBN 978-7-5634-4939-2
定　　价：38.00 元

地球上，从远古的猿猴，到今天的人类；从美丽的三叶草，到恐怖食人植物，无数的生物奇迹不断出现，这奇异的生物界就像一部大百科全书，等着我们去翻阅，去了解，去探求。

万物之灵的我们来自何处？鼻孔是如何进化的？人类与猿类为何相差甚运？海龟为什么要回乡产卵？狗是色盲吗？美丽的鲜花因何而开？人类始祖是恐龙吗？蚂蚁王国里什么样？海洋里有海妖？树的年轮怎么回事？植物的心灵感应又如何？植物也有喜、怒、哀、乐吗？植物是怎样吃动物的？以上问题的答案，请您翻开本书寻找。

本书的编写，是以通俗流畅的语言、新颖独特的视角、科学审慎的态度，将生物领域这些现象一一呈现在你面前。我们的目标是为青少年读者提供优秀的读物和阅读的空间，鼓励他们自主而愉快地阅读，引领快乐阅读、健康阅读的新风尚，并借此架起青少年与书籍之间的桥梁，为他们铺设一条弥漫着书香的成长之路，让阅读成为孩子一生的热爱！

本书在编纂过程中，在精心挑选内容的同时，还配备相应有趣的图片，图文并茂的表现形式，既可让青少年朋友了解生物界奇特的万千现象，更可以让他们获得读书的乐趣。希望广大青少年朋友通过对本书的阅读，真正地学会知识，学好知识，从书中获益，在本书的陪伴下快乐、健康地成长！

本书在编写过程中，参考了大量相关著述，在此谨致诚挚谢意。此外，由于时间仓促加之水平有限，书中存在纰漏和不成熟之处自是难免，恳请各界人士予以批评指正，以利再版时修正。

目录
CONTENTS

万物之灵的我们来自何处

"万物之灵"毫无疑问指的是我们人类，因为其他的一切生物都不能与人类相比，更不用说非生物了。人是一种动物，动植物的界限是动物必须以有机物为食物，而植物则直接利用无机物为原料合成营养物，人是以有机物为食物的，所以属于动物这一类群。但人类决不是一般的动物，而是一种社会化了的高级动物，跟其他动物有着重大区别。

虽然人体的构造，各组织、器官、系统的生理功能以及人的个体发育跟动物一样都服从同样的基本规律，但就形态构造来说，人有直立的姿态，用两脚行走，手脚分工。由于用两脚行走，手足分工了，与其他的动物相比，手从行走的功能中解放出来，成为劳动的工具。人脑也比其他任何动物都发达，这是任何其他生物无法比拟的。就生活方式和活动能力来讲，人类跟其他一般动物更有本质的区别：人类能够制造和使用工具来进行生产劳动，有意识地改造自然；其他动物，即使与人类亲缘关系最近的猿类，最多也只不过能够使用工具。人类所处的是一个复杂的社会，人类一开始就是在一定的社会关系中从事生产活动的。因此，人类有语言、有思想，而且在生产劳动中发展了文化、艺术和科学，所以说人类是一切动物中最社会化、最高级、最复杂的动物。

要说人类是一种动物，还是因为它在生物界里可以找到自己确切的位置。人的背部有一条脊梁骨（又叫脊柱，它是由一块块的脊椎骨构成的），所以人是一种脊椎动物。人是胎生的，而不是卵生或以其他的方式出生的，人从小是吃着母亲的乳汁长大的，是哺乳动物。在生物界里，人位于动物界脊椎动物亚门、哺乳动物纲、灵长目、人科、人属的智人种。

人类起源于动物，但由于人类深深地打上了社会的烙印，便远远地超出一般动物。所以我们可以这么说，人是万物之灵。历史从出现人类的时候开始，就进入了崭新的一章，我们也因为自己是人类而感到自豪。

那么，我们是从哪儿来的呢？

记得在妹妹出生的时候，我还很小，妹妹出生的第二天早晨，奶奶告诉我，说妈妈昨晚给我捡了个妹妹，从沟里捡来的。后来和小朋友们一起玩，就讨论起我们是从哪里来的，大伙都说大人们说是从某某处捡来的，我们也就相信了。稍大了一些才知道，我们都是由妈妈生出来的，那么妈妈的妈妈是怎么来的？也就是说，最早的人类是怎么来的？若照这么推理，就进入了永无休止的循环态中，所以我们还是不知道。随着年龄的增长，知识的增加大家才懂了人类是经过长期进化而来的。

其实，人类对于自己的起源问题从来就是十分关心的。早在氏族社会初期，有人就认为自己是从动物变来的，如出现了"鹤氏族"、"狼氏族"、"熊氏族"等群体。在古代，还有所谓"泥土造人"的传说。例如我国古代就有所谓"女娲捏土造人"的故事，说人都是女娲用泥土捏出来的。还有关于残疾的传说：说有一天捏人捏得太多，天要下雨了，来不及收，就用扫帚把他们全扫起来，结果就弄得瘸的瘸、瞎的瞎，据说这也是残疾人的由来。

到了阶级社会，"泥土造人说"渗进了阶级的意识，变成了"上帝造人说"。说是上帝先花了5天时间创造了天地和世上的万物，第六天上帝又创造了一个男人叫亚当，又从亚当身上取下一根肋骨，便创造出一个女人夏娃，因此男人的肋骨比女人要少一根。而现代的人也就是我们都是亚当和夏娃的后代。长期以来，"上帝造人说"成为统治阶级统治的理论工具，他们宣扬人的命运是上帝早已安排好的，反抗也没有用，教人们安于现状，这是统治阶级为巩固自己的统治寻找的借口。具有讽刺意味的是男人的肋骨并不少于女性。事实上，我们可以这么说，不是上帝创造了人，而是人"创造"了上帝。

不管是"泥土造人说"，还是"上帝造人说"，它们都有各自存在的时代环境。但传说毕竟是传说，神话毕竟是神话，都是经不起研究和推敲的。

人类起源于动物，现在已是常识。但在久远的年代，人们却没有认识到这样。直到1859年，伟大的生物学家达尔文经过长期的考察和研究发表了著名的《物种起源》一书，这本著作对正确认识人类起源问题提供了重要基础。后来赫胥利详细研究了已发现的头骨化石，找到了从猿到人的过渡类型。他还通过比较解剖学和胚胎学的研究，证明了人与猿的亲缘关系，并在1863年发表的《人类在自然界的位置》一书中首次提出了"人猿同祖论"。我们现在可能经常听到这么一句话，即"人是由猴子变来的"，但这样说是不准确的。人与猴子确实有一个共同的祖先，但不能说人是猴子变来的，而是由原始的祖先经过漫长的年代逐渐分化而形成的。我们还是先来看看人类的进化途径吧。

当地球上有了生命之后，动物是从无脊椎到有脊椎，从水生到陆生，从卵生到胎生，经历了鱼类、两栖类、爬行类、哺乳类的进化过程。我们人类就属于哺乳类中的灵长类，是从猿进化而来的。

灵长类中的古狐猴大约在5000万年前分化产生古猴和古猿。古猿是居住在树上的森林动物，由于气候的变化，使森林地区减缩和森林稀疏，树丛间的空隙随之增多和扩大，这就为古猿常到地面上来活动提供了便利条件。古猿下地行走是促进古猿向人进化的重要因素，古猿能够制造石器，即称为猿人。直立行走、上肢自由，古猿扩大了视野，这就完成了从猿到人转变的具有决定意义的一步。拉玛古猿经过猿人阶段、智人阶段，进化成现代人。猿人包括早期猿人和晚期猿人，东非坦桑尼亚的"能人"、肯尼亚特卡纳湖东岸的"1470号人"、我国的元谋人都属于早期猿人，而我国的蓝田人、北京人、爪哇的直立猿人则属于晚期猿人，晚期猿人就是现在我们常说的猿人。智人包括早期智人（古人）和晚期智人（新人）。尼安德特人（尼人）和我国的长阳人、丁村人等属于古人，而克罗马农人和山顶洞人、河套人、丽江人等属于新人。新人不仅分布在亚、非、欧地区，而且在大洋洲、美洲也有分布，说明新人的分布比古人要广泛得多。到大约1万多年前，才发展成现代人，如果从早期猿人算起，人类约有三百多万年的历史。

古猿变人是经历了一个上千万年的漫长过程。我们来看看恩格斯的总结吧："经过多少万年之久的努力，手和脚的分化，直立行走，最后确定下来了，于是人就和猿区别开来，于是音节分明的语言的发展和头脑的巨大发展的基础就奠定了，这就使得人和猿之间的鸿沟从此成为不可逾越的了。"所以有人认为如果说达尔文把人类从上帝手里解放了出来归还于动物界的话，那么恩格斯又把人类从动物界中区别出来，指明了人作为劳动者的特殊本质。

人既然是从古猿进化而来的，那么现代类人猿如长臂猿、猩猩、黑猩猩、大猩猩等能变成人吗？我们大家也许都会提出这样的问题。可以肯定地告诉大家：不能。那又是为什么呢？

现在的类人猿是古猿分化出来的，是人类祖先的孪生兄弟，它们有了超越一般动物的智慧，可以使用工具，但它们的劳动仍然是本能的，没有真正的手脚分化。类人猿的生活方式与人类是格格不入的，从这点上来看，今天的类人猿将来也是不会变成人的。

古猿变人有其特定的内因和外因，现代的类人猿与变人的古猿有着明显的不同。类人猿完全适应了热带丛林的生活而具有独特的结构，有特别发达的臂，而人有特别发达的腿，类人猿在漫长的进化过程中向着与人不同的方向发展，特化得太远了，所以无论如何也不会演变成现代的人。另外，现代猿的生存环境和过去古猿变人时的环境也有着较大的差别，况且古猿变人是一个上千万年的漫长过程。即使恢复原有的环境，现代猿也不可能再转变成人，这就是生物进化上的"不可逆定律"，是指整个机体的结构在进化过程中是不可逆的，即使恢复了祖先原有的生活环境，再也不会失而复得。

关于人类的诞生地问题，人们一直都很关心。考古学家主要是根据化石的情况来判断人类的诞生地。历史上一直有两种倾向：一些人认为人类起源于亚洲；而另一些则认为起源于非洲。至于其他各洲，不可能是人类的起源地。南北美洲，是人类后来移居过去的，而不是人类的诞生地，澳洲也是这样，欧洲也不是猿猴的故乡，南极洲冰天雪地，当地最高等的动物是企鹅，连哺乳动物都没有，更谈不上古猿了，所以更不可能。

支持非洲起源的证据是，1924年在南非的阿扎尼亚发现了从猿到人的过渡阶段晚期的南方古猿化石，现在在南非和东非已发现了大量的更新式的石器和人类化石，人类的血浆与各种灵长类的血浆有交叉反应，现代猿类黑猩猩和大猩猩与人类最接近，而它们都生活在非洲，而且在非洲发现了比较完整的整个人类发展系统的化石。

支持亚洲起源的人认为，虽然在非洲发现的化石比较多，但可能是因为非洲气温比较高、气候干燥，比较适宜化石的保存。爪哇等东南亚地区湿度大，腐烂的可能性就高，化石易丢失。所以单从化石的数量上来说，不能肯定非洲就是人类的起源地。而在亚洲发现的爪哇人、北京人的化石等，都可以间接证明人类有可能起源于亚洲，而且亚洲也有现代猿类——猩猩和长臂猿，当然还有其他的证据。我国也发现了许多早期人类化石，所以有些研究者认为我国也是人类起源和发展的重要地区之一。

但在1999年12月美国人类遗传学会发表的一篇论文中，认为包括中国人在内的东亚人，起源于非洲，在距今约6万年前迁移，通过东南亚由南向北移动，进入中国，此项研究成果再次对中国传统上认为的中国人来自"北京猿人"的说法提出挑战。但有人会持有很大的疑问，中国人和非洲人在肤色上有非常大的差异，何来非洲起源之说？研究者认为，10万年前非洲人群有相当复杂的多样性，并不都是黑人，现在南非有一些来自东非的人群，肤色淡得多。人的肤色由少数几个基因决定，如果其中一个基因发生突变，就可能产生肤色的变化。而且最近意大利的一个研究小组说，他们对人体线粒体进行的研究表明，人类确实起源于非洲，而且这些远祖是沿两条路线向欧洲和亚洲迁徙的。距今十多万年前，他们向北走向地中海和希腊，5万多年前又东行来到了亚洲。

亚非起源地的争论现在还没有停止，另有一种说法，认为人类起源地具有多样性。可以相信随着科学的进步、证据的积累，关于人类的起源地问题最终会一清二楚的。

在古希腊的神话故事中，尼摩妮西女神是专门掌管生灵记忆的，人的记忆也是由她掌握的。

早在两千多年前，人们就开始对记忆进行过探讨，后来俄国著名生理学家巴甫洛夫的条件反射理论的创立，从而奠定了记忆的早期学说的基础。他认为记忆的生理机制是条件反射的建立和巩固，识记是条件反射的形成，保持是条件反射的巩固，重视是条件反射的复活，遗忘是条件反射的暂时被抑制或永久性消失。后来，美国科学家用涡虫做了一个实验，每次在开灯的同时电击涡虫，重复多次后，这些涡虫对灯光形成了条件反射。随后把它们碾成浆状，给未经训练的涡虫吃。结果这些涡虫吃后也对光产生了反射性的逃避，这种现象被称作为"记忆力转移"。由此科学家推测，未经训练的涡虫获得了某种记忆的化学物质，所以说记忆在本质上与化学物质有关。这个实验结果，将关于记忆学的理论由较肤浅的条件反射学说提高到一个新高度，即生化学说。1978年，德国科学家与田用蜜蜂进行试验，他先训练蜜蜂去寻找一碗糖水，一星期后这只蜜蜂能熟练地找到这碗糖水，于是他从这只蜜蜂的脑里取出某些物质，移植到另一只蜜蜂的脑内，让它去寻找那碗糖水，无须多加训练便可以找到，这就进一步证实记忆力的转移与脑中的某些物质有关。世界著名神经化学家乔治·昂加尔在对大白鼠进行电击恐惧试验后解剖大脑，发现其脑细胞内核糖核酸的含量比未受电击恐惧试验的大白鼠高出大约12％，然后将它注入到另外一只大白鼠，不经任何训练，这些被注入的大白鼠就对电击有了恐惧记忆。经过潜心研究，科学家们终于从大白鼠的脑组织内成功地分离出了微量记忆物质，进行化学分析后发现它是一种由氨基酸组成的多肽，并由14个氨基酸组成。于是乔治·昂加尔提出："记忆的化学物质就是蛋白质多肽分子，多肽是由一系列氨基酸按序列组合而成的复杂生物大分子，记忆就是脑细胞中分子迅速形成的结果，每一种排列组合，代表着一种记忆。"至于记忆的实质是否真的如此，目前尚不能肯定，因为另外的科学家重复这实验时，与之有悖。因此对乔治，昂加尔的实验，又有许多人持怀疑的态度。

另外一种观点认为，记忆与人体内的另外一种化学物质乙酰胆碱有关，乙酰胆碱是一种传递冲动的神经递质，存在于每对神经突触之间，当人们因为某种疾病造成乙酰胆碱减少或不能释放，将造成神经系统的紊乱，大脑反应迟钝等。这种物质在脑内的数量逐渐增加，则信息传递快，记忆形成快、巩固快。在人体需要时，血液中的胆碱物质被输送到大脑，与脑内的醋酸盐的乙基结合产生乙酰胆碱，这种物质对记忆起着决定性的作用。临床应用证明，胆碱类药物对老年人记忆力的好转有着明显的效果，可见乙酰胆碱与人类的记忆有一定的关系，可它就是记忆物质吗？回答仍不能肯定。

现代神经生理学家认为。记忆与大脑半球内侧深部的海马有着密切关系，左侧与语言材料记忆有关，右侧与语言的图形材料的记忆有关。因此切除了海马的人，短时记忆就会被损害。来自外部的信息，通过各种感觉器官首先到达神经末梢，经传递到达海马区，然后经穹隆、乳头体、乳头视丘束、视丘前核、扣带回，又回到海马，这种信息传递的通路被称作为记忆回路。因此人们设想，大脑是一个完全遗传的回路，回路中是由各条通路的"电线"连接的，只是未全部焊接。对于长时的记忆需要一种持久的通路，则应用一种"焊剂"来焊合，而短时记忆则不用，因为它的通路是不固定的。至于长时记忆中的"焊剂"，就是由细小蛋白分子组成的多肽。随着多肽分子的合成，记忆就产生，如多肽分子正处于合成状态，突然有其他信息输入，合成受到干扰，则表现为记忆不佳。如果已经合成的记忆多肽，不经常地输入同一信息，久而久之该记忆多肽也会分解，从而出现遗忘。因此，人们常说脑用则灵。

综上所述，对于记忆人们似乎了解了很多，然而却又感觉到一无所知。至于尼摩妮西女神那神秘面纱的后面，究竟蕴含着什么，还有待于科学的探秘者去精心地研究，才能给予我们一个圆满的答案。

人类的听觉和嗅觉之谜

　　"眼观六路，耳听八方"一词形象地描绘出眼和耳朵的功能。它们一个是"看"，一个是"听"。其实，用听觉感受器来描述耳朵是不全面的，因为耳朵除了感受声波之外，它还有另外一个功能，那就是感受机体位置的变化，即耳朵又是位觉（平衡觉）器官，所以应该称耳朵为位听器官。

　　耳可分为外耳、中耳、内耳三个部分。外耳形状像个小喇叭筒，包括耳廓和外耳道。耳廓的功能是收集声波。外耳道的尽头向外的一端是外耳门，向内的一端是鼓膜。鼓膜位于外耳和中耳之间，是卵圆形的半透明薄膜，它可将由外耳传来的声波变成振动"密码"传入中耳。中耳包括鼓室、咽鼓管等。鼓室是一个小气室，室内有三块听小骨，自外向内依次是锤骨、砧骨和镫骨。三块听小骨连接成一个曲折的杠杆系统，称为听骨链，起着传导声波的作用。咽鼓管是沟通鼻咽部和鼓室的一个通道，它的作用是调节鼓室里的空气压力（即平衡中耳和外耳的气压），有利于鼓膜的正常振动，维持正常的听力。内耳位于颞骨内鼓室的内侧，是非常复杂的弯曲管腔，所以又称为迷路。迷路分为骨迷路和膜迷路两部分，在迷路里充满着淋巴液，淋巴液可因听骨的振动而产生波动，从而传递声波。迷路可分为耳蜗、前庭和半规管，其中耳蜗内有听觉感受器，主管听觉，而半规管和前庭主管身体平衡，是位觉感受器。耳蜗形似蜗牛，其内有产生听觉的特殊装置。那么听觉又是如何产生的呢？

　　耳廓收集的声波经外耳道传到鼓膜，引起鼓膜的振动，鼓膜的振动经三块听小骨传递到内耳，刺激耳蜗里的听觉感受器，所产生的兴奋由蜗神经传到大脑皮层颞叶的听觉中枢，形成听觉。在这个过程中，任一环节出错都可导致耳聋的发生。从耳廓到听小骨这段是传导声波，所以如果这部分出现问题，可引起传导性耳聋；而由听觉感受器、听神经和大脑皮层的听觉中枢病变引起的耳聋称为神经性耳聋。

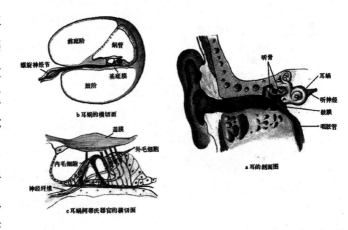

△ 耳的构造

前庭和三个半规管在人体运动以及头部位置发生变化时可使人产生速度和位置的感觉，经过大脑的分析综合，通过运动神经调节身体的姿势。前庭和半规管过敏的人，在乘车和乘船时容易造成身体姿势调节障碍和植物性神经功能紊乱，从而出现头晕、恶心、出汗、呕吐及血压变化等症状。

耳朵是重要的感觉器官，一旦出现问题，美妙的音乐、动听的旋律、婉转的鸟鸣等一切靠听来感觉的世界都将与我们无缘，所以我们一定要注意耳朵的卫生。

外耳道中常有一些蜡状物质——耳屎（耵聍），这是由耵聍腺分泌的，又称为耳垢，它对外耳道有保护作用。但如果耳屎特别多时，应小心将其取出，不要破坏外耳道。

遇到巨大的声响时，一定要迅速张口，或做连续的吞咽动作，使咽鼓管张开，这样可以保持鼓膜内外的气压平衡，以免震破鼓膜，引起传导性耳聋。坐飞机的人要不停地咀嚼口香糖就是为了避免巨大声响对鼓膜的震动。

相信看过电视连续剧《宰相刘罗锅》的人都会对刘罗锅的耳朵有着深刻的印象，他的耳朵能够摆动。那为什么有的人的耳朵能够摆动呢？其实这也是一种进化的遗迹。我们仔细观察就会注意到，当狗在人们呼唤它时会摆动耳朵。哺乳动物是通过耳肌的活动去收集其周围的声波的，人是由哺乳动物进化而来的，我们每个人都有与外耳相连的肌肉，但在长期进化中人类对于这种功能的需要已消失，所以大多数人已失去对这些耳肌的控制，但有些人

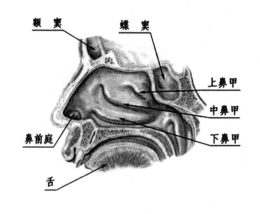

△ 鼻子的内部结构

额窦　蝶窦　上鼻甲　中鼻甲　下鼻甲　鼻前庭　舌

则仍然保留这一特点。

一谈到闻气味，我们便会立即想到我们的鼻子，因为我们是用鼻子来闻气味的。另外我们也知道，呼吸也需要通过鼻子来进行，所以我们说鼻子不但是呼吸通道的起始部位，而且也是嗅觉器官的所在部位。

鼻腔内有两种不同的黏膜，与呼吸有关的黏膜活体呈微红色，面积比较广，占主要部分；嗅黏膜位于鼻腔的天井、隔开左右鼻腔的鼻中隔上部两侧和上鼻甲的全部，活体呈苍白色或淡黄色。嗅黏膜中有一种特化的双极神经细胞——嗅细胞，呈梭形，可以感受嗅觉刺激。嗅细胞的树突伸向嗅黏膜上皮的表面，突起末端呈小泡状，称嗅毛。嗅毛常倒向一侧，能感受有气味物质的刺激。嗅细胞的底部有细长的无髓鞘神经纤维伸出，直到嗅球，与嗅球内的神经元发生突触联系。当嗅细胞受到刺激以后，产生的神经冲动通过嗅神经传到大脑皮层的嗅觉中枢，形成嗅觉。

一般吸入鼻腔的空气并不直接接触嗅黏膜，只有当气流回旋时才能接触，所以要想仔细辨别气味，往往要做短促而频繁的吸气动作，这样嗅觉感受器便可接触到大量的空气了。嗅细胞的刺激必须是气体状态，气体分子到达嗅黏膜之后，即溶解于黏膜表面的液体中，然后接触嗅细胞的嗅毛。

人的嗅觉灵敏程度虽不如某些动物如狗、猫等，但也是相当敏锐的，而且每个人对不同气味的敏感度是不同的。另外，嗅觉具有适应性，而且特别明显。我国古语"入芝兰之室，久而不闻其香；入鲍鱼之肆，久而不闻其臭"即道出了嗅觉的这一特性。在刺激强度持续不变的情况下，嗅觉感受器就会对这种刺激的感受性下降，以至于感受不到它的气味，但到新鲜空气中待上一会儿，对这种气味的感受性又重新恢复。适应了某一种气味之后，对其他不同气味的灵敏度可保持不变。

蟋蟀好斗之谜揭秘

　　熟悉蟋蟀的人大都见过这样的情景：一只雄蟋蟀和另一只雄蟋蟀不期而遇了，它们开始振翅鸣叫，发出响亮的"嚯嚯"声，接着便龇牙咧嘴，格斗起来。它们彼此都恶狠狠地向对方扑去，用头顶，用脚踢，用嘴咬，反正是所有能用上的都用上，一直斗到一方伤痕累累或败下阵来方善罢甘休。

　　然而雄蟋蟀遇见雌蟋蟀的场面便迥然不同了。刚才还气势汹汹的雄蟋蟀，一下子变得无比温柔了，前后简直判若两"虫"。即使雌蟋蟀不小心撞到它的头上，雄蟋蟀也不会"锱铢必较"，最多只是微微地张一张牙。这时，雄蟋蟀会保持其"绅士的风度"，用腿轻轻地弹几下，表示友好。有时遇上"中意"的，还会发出深情的低鸣声，似乎在倾诉自己的绵绵情意。

　　事实告诉我们，两雄拼搏并不是为了比强弱，争高低，而是为了争夺异性的伴侣，博得异性的青睐。

　　熟悉蟋蟀的人都知道，蟋蟀的眼睛虽大却是个"睁眼瞎子"，它们无法用眼睛来分辨周围的一切。那么，蟋蟀是靠什么来识别情侣和情敌的呢？

　　原来，这种动物的头上有一对感觉灵敏的"天线"——触角，它们随时随地在前方和左右两侧扫动，一接触到同伙的触角，蟋蟀马上就能判断出双方是同性或异性，并立即做好准备，是立即备战，还是笑脸相迎。一般来说，雄蟋蟀扫动触角的动作刚劲有力，而雌蟋蟀的则轻微柔和，蟋蟀正是根据这一差异作出抉择的。

　　早在唐朝，人们已发现了蟋蟀好斗的习性，并开始观看蟋蟀格斗取乐。时至今日，斗蟋蟀仍不失为一种大众化的娱乐活动。

　　蟋蟀爱好者人人都希望自己的蟋蟀能克敌制胜，屡战屡胜，成为常胜大王，那么怎样识别和挑选大王蟋蟀呢？

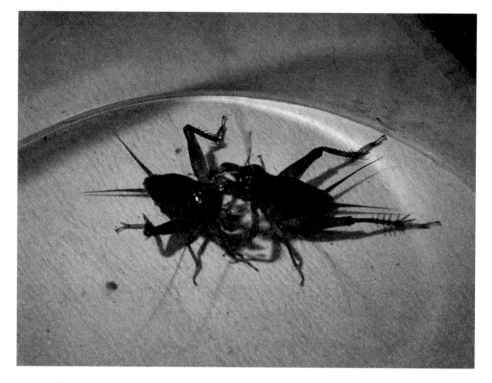

△ 斗蟋蟀

　　一般来说，有以下的标准：身挺、背宽、形长、头大，这样在格杀时可以挥动大牙进行厮杀；项圈宽，可使头部转动灵活，便于进攻；六足要长，尤其是腿节应粗壮而圆长，使之在斗咬时能撑住身体，不致后退处于被咬地位；腹部应收缩；触角完整，且粗而长，以保持敏锐的触觉；尾须细而完整，使之在斗咬时能把握方向，转动灵活。

　　在这方面，行家们有此精辟的见解："大凡蛩（蟋蟀）以狮子口、蜈蚣钳、蜻蜓头、蚱蜢腿、肉色极细、配色相当者为上品。"

人体丹香之谜

有些动物能散发出某种特殊的香味，借以吸引异性，或与同类进行联系，最典型的是麝，把香味储于一个囊体之中。其他如灵猫，也有类似的功能。作为万物之灵的人类，也有这种功能。古往今来，气功锻炼有素者就可以散发一种神秘的香气——"丹香"。元代道家气功大师邱长春"羽化"后，他的遗体"异香终日不散"，佛家锻炼气功有素者也不例外，东南亚不少高僧"坐化"后，也会发出异香，在当地高温下尸身数日不坏。

△ 麝香为雄麝的肚脐和生殖器之间的腺囊的分泌物，干燥后呈颗粒状或块状，有特殊的香气

作为人体之谜，丹香很值得探索。我国武林内功家认为，丹香和气血锻炼有关，气功锻炼会影响人体内分泌，所以古文献中有"练精化气，缘血化浆，其味异香"的描述。那么，人体是否有发散香气的物质基础呢？经科学研究发现，在人的汗液和尿液的挥发成分中，具有麝香味。但是，为什么我们觉察不到呢？这是因为这种麝香味太微弱了。气功能够激发人体的内在潜能。许多实验表明，气功可以促使胆汁、胃液、唾液等分泌物质的增多，可以想象，人体固有的麝香味也不能排除在外。

丹香现象目前仍是一个谜，这方面的研究正在进行中。不过，研究和开发丹香的意义不可小估。人们在开发大自然的同时，还应重视自身的开发。蚊子从不叮咬能发丹香的人，恐怕只是人体"丹香"效用的一种罢了。

为什么有的人的行为易越轨

　　对于犯罪，人们大多归于"不良环境"的影响，然而芝加哥大学的专家们经观察并进行生理结构的测试后发现，暴力或破坏社会秩序的行为可能源于人体内某种化学物质的失调。1972年，由科学家组成象棋队与伊诺州囚犯举行象棋友谊赛。科学家原先以为胜券在握，却想不到囚犯棋高一着。这批专家为了挽回面子，要求再决高下，此后双方多次交手，渐渐建立了友谊。其中一个名叫沃尔什的化学家开始产生疑问："这么好的一班人怎会犯下那么可怕的罪行呢？"

　　他不满足于流传已久的"不良环境"论，召集20个志同道合的化学家、统计学家、物理学家和电脑分析员，着手研究可能导致暴力行为的体内化学物质。他们研究的课题是：暴戾的人跟不暴戾的人相比，其生化特征有否分别？

　　这批科学家起初分析血液和尿液以求解答，但是这些液体的成分往往受食物影响而变化，化验结果不足为据。

　　1976年，沃尔什研究小组开始以头发为化验对象，蒙特利尔基尔大学一些科学家也正以同样的方法做研究。沃尔什认为头发中微量金属的浓度比血液中的高，用于分析研究比较理想，于是和同事花了几年时间收集头发样本，分析头发所含的金属成分，终于有了惊人的发现。

　　第一个实验是一项对照分析，对象为24对8至18岁不等的兄弟。每对兄弟中一人犯过罪，另一人无犯罪记录，两人都跟父母同住，食物一样，环境差别可说极小。

　　科学家取得他们的头发样本，分析出含有11种元素：钙、镁、钠、钾、铜、锌、铁、锰、磷、铅、镉。头发中这些微量金属的浓度，比血液或尿液

△ 体内化学物质失调与暴力行为有关吗

中的高10至100倍。

一如所料，参加实验的少年罪犯，头发所含的金属含量远比没有犯过罪的高。进一步试验的结果却大出他们意料之外。

科学家原来估计会发现两种行为模式：一种属犯罪型；一种属不犯罪型，怎知反而在犯罪者中发现了两种模式。甲类的犯罪者本来奉公守法，到突受刺激才肆虐作案。乙类则不同，有这类模式的人自始至终都爱破坏社会秩序，长期与法律为敌。

沃尔什研究小组决定，根据这些结果做一个更加复杂的实验。实验的对象是96个会有严重暴行的已释犯、囚犯、青少年罪犯，以及96个并无犯罪记录的男子，结果与先前的相符。根据头发分析的结果，有暴力行为的人为甲、乙两类，可见他们是分别受两种不同的化学物质失调之害。后来为将轻度暴力者列入，又增添了丙类和丁类。

沃尔什的试验结果极具启发作用。体内化学物质失调若与暴力行为有关，大抵也与活力过盛、酗酒、学习困难等问题有关。生化检查结合其他方法，或可用来诊断出上述问题的成因。

沃尔什目前转而注意这种研究在实际治疗上的用处。新泽西州普林斯顿附近的脑生理研究中心有位费医生。把沃尔什的研究结果结合自己的治疗法，让罪犯服用维他命和金属补剂以替代药物，试图消除他们的犯罪倾向。

科学家还没有正式研究治疗的功效，有暴力倾向而接受治疗者的报告倒令人鼓舞。沃尔什这项创新研究已经引起各方面的注意，也许有一天，科学真的有助于把暴力倾向扭转，使人向善。

人类嘴唇为何是外翻的

人类的嘴唇有一个非常奇怪的特征。人类的嘴唇是外翻的，这与动物王国里的其他物种完全不同。

很多人完全意识不到，人类嘴唇外翻这个特征有多么不同寻常，因为他们认为人类的嘴唇就应该是这个样子，甚至懒得把人类的嘴唇与猴子、猿类等我们的灵长类"亲戚"相比。

但如果我们近距离地仔细观察黑猩猩或者大猩猩的嘴，就会清楚地发现，它们闭上嘴巴的时候，嘴唇的表面是看不见的，柔软、丰满并且有光泽的嘴唇只会出现在人类的脸上。

为什么人类会拥有这样的向外翻转的嘴唇？答案再一次与我们的进化之路有关，它是"幼态持续"的又一个典型范例。成年人在解剖学以及行为模式上越来越婴儿化，他们身上保有的贴近婴儿的特征越来越多，外翻、丰满的嘴唇就是其中之一。

在嘴唇的进化方面，女性比男性更为进步，换句话说，也就是更为"幼稚"。从外观上分析，女性的嘴唇通常比男性更"显著"，更为隆起，其必然的结果是，女性的嘴唇总会吸引非常多的关注。

但是，我们的这种在动物界里堪称"超级"的嘴唇是从何而来的呢？我们从哪里能够追踪到它的起源呢？答案既不是人类的婴儿，也不是黑猩猩的婴儿，而是非常小的黑猩猩的胚胎。

当这种猿类的胎儿只有16周大时，它的嘴唇具备着典型的人类嘴唇的特征，又大又丰满。等胎儿长到26周大时，这个特征已经消失不见了，原本外翻的丰满的嘴唇自行缩了回去，当嘴巴闭上时嘴唇完全是看不到的，像极了它们的父母亲，而且在它们的余生里，嘴唇一直都会保持这个样子。因此准

△ 女性嘴唇是用来展示其性感的装置

确地说，人类的嘴唇不仅"幼稚"，而且是非常特别以及极其"幼稚"。

与黑猩猩的婴儿不同，人类的婴儿依然保持着胎儿时期的嘴唇，降生之后他们很快就会用到那肥嘟嘟的嘴唇，正是靠这双嘴唇，他们满含快乐地叼住母亲短短的乳头，轻松而又称心快意地从母亲那鼓胀的乳房吸吮营养。小黑猩猩就不一样了，它们得用自己薄薄的肌肉强健的嘴唇，夹紧母亲长长的乳头，它们吃奶的方式就像农夫挤牛奶一样。

所以说，人类独特的外翻嘴唇非常适合他们降生之后的第一项"工作"，这对外翻的嘴唇就是专门的取奶装备，用于从同样独特的人类女性的胸脯上吸取维持生命的养分。当碰到圆圆的乳房时，这对嘴唇就形成了一个无懈可击的密封结构。

典型的人类女性在她的成年时代，一直都保持着柔软的丰满的嘴唇，到了年纪非常大的时候，才会加入薄嘴唇的行列。

作为一名充分意识到性别差异的成年女性，她会把自己的嘴唇看成一种新的信号装置，一种功能强大的用来展示性感的装置。她会把嘴唇弄得潮湿，故意撅起嘴唇，用它来亲吻，并在嘴唇上做各种装饰。嘴唇甚至还担负着极力强调女性性感的任务，以帮助女性博得爱侣，成功地把嘴唇放到爱人的嘴唇上。

千万年后人类可能变成什么样

据澳大利亚广播公司（ABC）报道，澳大利亚国立大学的遗传学家詹妮·格雷夫斯教授表示，男性所特有的Y染色体正逐渐消亡，这将促使一种新人种诞生。

过去几年里，科学家一直在研究男性Y染色体消亡的问题。詹妮·格雷夫斯教授是世界Y染色体研究领域的顶尖科学家之一，而且她的观点颇为大胆。这次她的Y染色体消亡将导致新的人种出现的观点必将在科学界引起新的争论。

詹妮·格雷夫斯教授的理论是，男性体内其他染色体的"决定男性特征"的基因将会逐渐取代Y染色体SPY基因的作用。SRY是Y染色体中决定男性特征的关键基因。SRY在胚胎的性分化过程中刺激原始性腺向睾丸方向发育，然后这个最初的睾丸就开始分泌雄激素，主要是睾丸素，刺激男性胚胎整个向男性化的方向发展：生殖器就要长成男性的阴茎，附性腺就要长成附睾、前列腺、精囊等。如果没有SRY这个基因刺激的话，原始性腺就会自然而然地向卵巢方向发育，然后卵巢分泌雌激素，刺激女性胚胎开始发育女性的性征，使女性的外生殖器、子宫、阴道、输卵管等发育起来。

但是这意味着没有Y染色体的男性和有Y染色体的男性会分道扬镳，最终一种新的原始人种会出现。詹妮·格雷夫斯教授说："新的人类原始物种很可能按照这种方式诞生。"

詹妮·格雷夫斯教授说，失去Y染色体的男人大多数没有生育能力，但是一小部分能够繁衍后代，并把新的性别决定基因传给后代。这样就会出现两种不同的人群，而最终具有新基因的男人人群将会和有Y染色体的男人人群分开，进化成新的人种。"两种不同的人群的异性不能交配，于是他们逐渐变得不同，正如黑猩猩和人类从500万年前开始逐渐变得不同一样。当两种人群变成两种物种，他们之间被打入了某种楔子，也就更加不可能交配了。这好像是绵延的山脉把两者分开。但这是根本的差异，正如他们决定性别的方式已经完全不同了。"

詹妮·格雷夫斯教授说，人类原始Y染色体的大部分基因都已失去。从3亿年前到现在，人类Y染色体的1438个基因已失去1393个。照此速度，再过1500万年，Y染色体将失去最后45个基因。

詹妮·格雷夫斯教授认为，Y染色体之所以会消亡，主要是因为Y染色体是男性独有的染色体，每个男性的Y染色体都是完全从父亲一方继承的。这条形单影只的Y染色体不能像其他染色体那样通过与"同伴"染色体相互交换基因而维持自身的稳定存在。基因突变会累积，而变异基因最终会从Y染色体脱落，因为它们不再发挥作用。这导致在上万年的进化史中，Y染色体会不断失去基因，最终走向消亡。

格雷夫斯说，Y染色体消亡的状况已经在一些鼠类身上出现，比如东欧鼹鼠和日本田鼠等一些啮齿类动物，就没有Y染色体和SRY基因。然而，仍旧有大量健康的雄性鼹鼠和田鼠在东欧和日本繁衍生殖。

澳大利亚默多克儿童研究院的安德鲁·辛克莱教授目前正在对XX男性进行研究。所谓的XX男性就是体内没有Y染色体，这种现象每15万男性里面会出现一例。

辛克莱说："这种现象说明存在取代Y染色体基因作用的新基因，只不过我们还没有发现。或者是在没有Y染色体的情况下，其他现存基因的'音量'被调高，发挥了更大的作用，所以XX男人具有男性特征。大约有10%的患有Y染色体缺失的男性有一小部分Y染色体附着在X染色体上，并携带睾丸决定基因。"

辛克莱认为格雷夫斯的Y染色体消亡将出现新的人种的说法只是"理论上可能"，而在现实中不会出现。"如果出现了没有Y染色体的男人，我不会把他们叫做新物种，而是把他们称为新的个体。"

双胞胎同步信息之谜

美国俄亥俄州迈达市的阿罗特大街，第8700邮区内仅有6户人家，竟然有5户拥有双胞胎。尤其是后来迁居于此的新住户，也生了一对双胞胎。因此，这条大街被称之为"双胞胎大街"。

然而，引起科学家们兴趣的不是双胞胎的成因，而是双胞胎"心有灵犀一点通"的同步现象。在二百多年前，生活在美国哥伦布市的一对孪生姐妹，她们不仅拥有一样多的子女，而且还同时死于1827年9月25日。无独有偶，约翰和亚瑟是孪生兄弟，分别供职于布里斯托和温莎的空军基地。1975年5月24日晚，他俩不约而同突发心胸痛而分别送到两家医院，入院后不久，几乎在同一时刻死于心脏病。

住在匈牙利布达佩斯的卡罗列和相距240千米外贝加士市的尼米夫也是孪生兄弟。一天，尼米夫突然出现血压骤降、失血和呼吸困难的症状，家人赶紧把他送往医院抢救。奇怪的是，医生无论如何也无法确诊病因，只得去通知他哥哥卡罗列。哪知卡罗列正在医院接受心脏分流手术，待哥哥做完了手术，弟弟的症状也不治而愈了。

1977年的一天，美国加利福尼亚的玛莎突然觉得胸腹部撕裂般地剧痛。后来证实，玛莎身体不堪忍受痛苦之时，正是她的双胞胎妹妹乘坐一架波音747飞机在飞往加拿大的途中不幸遇难之际。因此，后来玛莎在向航空公司的索赔中，要求追加她本人所遭受剧痛的精神损失费。

我国河北邯郸市也曾有一对双生子"生死与共"的病例。这天，这对双胞胎幼儿，同时得了麻疹肺炎被送进医院。医生因一时疏忽，事先没有了解他俩均对咖啡因过敏，在注射一般剂量的咖啡因后10分钟，兄弟俩同时出现张口与上肢僵直的症状，20分钟后同时因心、肺功能消失而死亡。

△ 双胞胎有心灵感应吗

是否凡是双胞胎都存在某种心灵感应呢？科学家对双胞胎的调查发现，这类"同病相怜"的现象在他（她）们中并非常见，凡有过"心心相印"的，不仅全是同性，而且几乎都是同卵双生的孪生子。由此可见。双胞胎出现这种同步现象，应与他们公共的遗传性和相同的生理生化基础有关。

那么，这种跟遗传有关的同步现象为什么在孪生子中也只是极个别的事例，其决定因素又是什么呢？

一种见解认为，这决定于受精卵分裂成两个相同受精卵的时间，如果分裂时间越短，则彼此相似的程度就越大。

另一种见解是，作为遗传物质的基因，具有长、宽、高三维结构，"同步现象"是否会表现出来，又受时间因素的控制。所以，遗传因素完全相同的同卵孪生子，还要加上相同的时间因素作用，才更会出现心灵上的感应现象。罗马大学孟德尔研究院的吉列德博士研究了15万对孪生子，著有《时间遗传学》一书，他认为孪生兄弟姐妹同时患上同种疾病，说明他（她）们的遗传基因不仅继承了祖先的某些特点，而且包含了时间表的遗传信息。他们的发育是按照相同的体内时钟进行的。

此外，还有其他的见解。例如，有人认为，孪生子之间的生物电释放器和接收器，由于共同遗传物质高度的一致性和敏感性，才使相同的生物电产生了思想和行为上遥相呼应的同步效果。由于这种说法过于玄乎，故认同者寥寥。

对双胞胎息息相通的同步现象的解释还未得到统一认识，尤其是出现这种现象的心理及生理机制更是有待进一步探索的课题。

多胞胎之谜

　　美国俄亥俄州的特文堡市，每年都要举行一次传统的孪生子联欢节。从国内各州和国外赶到这里参加联欢的孪生子代表，有上千名之多。在这些代表当中，有才出生十几天的婴儿，也有八十多岁的老人。

　　在一般情况下，一个妇女每月只排出一个成熟的卵子，绝大多数妇女每次怀孕也只生一个孩子。可有的妇女却能一次排出两个或更多的卵子，要是它们碰巧与精子结合，就会发育成两个或更多胎儿。有时候一个受精卵也能"变成"两个或更多的胎儿：或者是两个精子钻进了一个卵子而又分别发育起来的。这些情况都能形成一胎多子。其中来源于一个卵子的多胞胎，他们的血型、性别、容貌都很相像，如果是由不同的精卵形成的多胞胎，各人的血型、性别和容貌就会有差别了。

　　据有关专家统计，人类每80～150次生育中就有一对双胞胎；每6400次生育中有一次三胞胎；每51.2万次生育中有一次4胞胎；而每5000多万生育中，才有一例5胞胎。

　　巴西有个名叫莫雷拉的妇女，她在29年中一共生了10对双胞胎。成为20个孩子的妈妈。

　　1979年8月16日，在意大利的那不勒斯市，一个名叫帕斯夸莉娜的妇女，一胎生下了8个活着的婴儿。医生惊讶地说，一胎生6个婴儿的可能性大约是2.62亿分之一，一胎生7个婴儿的可能性约是50亿分之一，她却生了8个，真是太罕见了。

　　1987年12月27日，我国吉林长春市郊的一个农妇，一胎也生了8个婴儿。

　　但这些还不是多胎的最高纪录。

　　1971年6月13日，澳大利亚一个叫布罗德里克的妇女，一胎生下了9个孩子。

1972年5月29日，美国费城也有一个妇女，一胎生了9个婴儿。

1985年上半年，美国加利福尼亚州一个叫帕蒂的妇女，一胎生下了7个婴儿。从她住进医院到剖腹产为止，8个星期的护理费就达2.37万美元，等到出院，光是婴儿的护理费就高达70万美元。这也算是一项最高纪录了。

在医学史上，一胎生下10个孩子的，20世纪以来有过3例。1924年西班牙有一例；1946年巴西有一例；1934年，我国也有过一胎10婴的记录。

据历史记载，我国明代崇祯年间，江阴有个妇女一胎生下30个婴儿，这应该是古今中外多胞胎的最高纪录了。

多胞胎是由什么因素决定的呢？

这个多胞胎之谜一直吸引着许多生物学家、医学家和人类学家的注意力，对它进行着不倦的探索。

不少科学家认为，多胞胎的现象具有遗传性。例如，巴西那位生了10对双胞胎的莫雷拉，她本人也是孪生子，她母亲也生了10对双胞胎，而她的两个大女儿也都生了双胞胎。

有的科学家则认为，多胞胎现象跟环境与饮食有关。例如，英国有个"莱姆斯特村"，就是个著名的双胞胎之乡。那里以种植果树、蔬菜为主业，村里酿造的苹果酒远近有名。这个村子坐落的地区气候温和、环境优美、空气新鲜，村民们身体健康，而且喜欢喝村里的苹果酒。

日本医学家在研究了季节与生殖现象的关系之后，提出了一个新的理论。他们认为，多胞胎现象是由病毒等感染性因子引起的，就像感冒和麻疹一样，孪生也是一种"病"。

大量的研究资料表明，多胞胎现象是一种随年代、季节和地区而发生的流行性现象，多胞胎出生率高低变化的周期为50年到100年，一年四季的出生率也不一样。地区不同，多胞胎的出生率也不同。这种差别是各地的气候条件不同引起的。他们发现孪生子多数都出生在秋季，这是因为有一种病毒在起作用。引起黄体酮分泌不正常，促使一些妇女在某一时期排卵增多。所以才生下多胞胎。这个理论是不是站得住脚，还有待科学家进一步研究证实。

随着科学技术的不断进步，多胞胎之谜一定会被彻底揭开。

人为什么头发长眉毛短

生活中有人会说"头发长，见识短"，这是对女性抱有的成见，没有科学依据。但头发长眉毛短却是事实，你想过这是为什么吗？

人的全身除了手掌、脚掌、嘴唇、乳头及其他很小的面积之外都有毛发生长，毛发的分布比想象的要广泛得多。刚出生时，毛发的数目约为200万根；发育比较好的人，仅头部的有发面积就可达600平方厘米。毛发为皮肤的附属器官，以毛根埋于皮肤内，是皮肤中长出的角化上皮细胞组成的丝。头发和眉毛都属于粗长且富含色素的毛发，我们称之为终毛。被覆在身体大部分皮肤上的是短软而色泽浅的柔毛，还有介于二者之间的毛发。既然头发和眉毛都属于终毛，那为什么头发可以长很长很长，而眉毛却永远那么短呢？这要从生物节律谈起。

我们大家都会有这样的常识：一天之中有些时候学习的效果好，有些时候却不好；晚上我们要睡觉，天亮了要起床干各种各样的活；到了吃饭的时候如果不吃饭就会觉得饿等。为什么会出现这种情况呢？原来人体内的各种活动都按照时间顺序周而复始地发生重复，这种有规则变化的节律称为生物节律。在我们的整个生命过程中，从分子、细胞、组织、器官到个体，甚至群体的各个层次都有明显的时间周期现象。习惯上按生物节律频率的高低将其分为高频、中频和低频三类节律：如果节律的周期低于一天，我们称它为高频节律；如果周期等于一天则是中频节律，相应的，周期高于一天的节律属于低频节律。

伸手摸摸我们自己脉搏的跳动，一分钟之内可跳几十次，周期还不到一秒钟，这属于高频节律，另外还有我们呼吸的变化，心电图、脑电图的变化都属于此类。中频节律是以一天为周期的节律，这是我们体内最重要的生

物节律。人体内几乎每种生理功能都有日周期，即以一天为周期进行节律性波动，而不同生理功能波动的幅度和明显程度是不同的。比较明显的日变化有血细胞数目、体温、血压、尿成分、各种代谢强度的日周期性变化。我们的精力在一天内也有集中与相对不集中的变化，甚至我们的身高在一天之内也有变化。早晨起床时，是我们身高最高的时候，在经过一个白天的忙碌之后，身高逐渐降到晚上的最低点，只是这个变化不太明显罢了，仅有1～2厘米的差异。不信的话，大家都可以量一量、试一试。低频周期包括周周期、月周期和年周期。月与年周期多与生殖功能有关，如月经周期即是月周期。

　　人的头发和眉毛也有一定的生长周期，定期脱落和生长、更新。但它们的生长周期不一样，在生长期内毛发牢固地生长在皮肤中，不容易脱落。毛发的长度主要决定于生长期的长短。人的头发的生长期约为3～4年，生长期一过便进入数周的退行期，然后是3个月左右的休止期。而眉毛的生长期只有2个月左右，休止期则可达8～9个月。另外这两种毛发的生长速度也不一样，由此我们不仅可以理解为什么头发长而眉毛短，还可以知道眉毛再长也长不过头发，而头发的最大长度也有一个极限，它不可能无限度地长长。

生物节律之谜

我们整个生命过程都存在周期性。其实，纵观整个宇宙，你就会发现大自然无处不在地体现着周期性。从生物体的各种活动到天体的运行，从市场价格的变动到人的情绪变化，都有周期可循。就生物而言，节律一旦失去严谨的正常运转，生命就会受到威胁。节律可以分为两大类：一是自然节律；二是生物节律。二者相互影响，息息相关。生物节律是生物存在和发展的基础。正像我们平时需用时钟来定时一样，生物节律也需要调节。调节生物节律运转的调控器，叫做生物钟，它是生物节律的结构基础。

生物节律的特点在于：其一，它能够世代相传。生物节律是由遗传基因决定的。科学研究工作者发现，果蝇的节律基因在很大程度上其特性与人的基因相类似。美国生物学家哈尔·博克认为："生物节律不仅是遗传基因在空间上的表达，而且是在时间上的表达。"其二，生物节律的运转不需时间信号的启示，生物体在脱离外界时间环境信息的条件下，仍能表现出自己的节律特征。其三，环境因子（如光照——黑暗周期、温度、湿度、地磁等）能使生物节律发生变动。

那么，生物节律是如何产生的呢？概括起来，生物节律是生物在进化过程中，为适应地球公转和自转引发的环境变动而产生的，它一方面受外界环境的影响，另一方面又受机体内部机制（生物钟）的调控。生物钟在生物体内确实存在，而且它的存在形式和存在场所也是多种多样的，但它应有基本的特点：恒定不变，周期约为24小时；在通常环境下，其周期应与昼夜周期一致。一旦生物钟失灵，人体就会出现各种各样的异常。某些疾病之所以发生，就是与生物钟失控有关。人与自然界本来就是一个整体，自然节律的变动必然会影响到生物节律，两者必须协调才能使活动不紊乱，一旦不

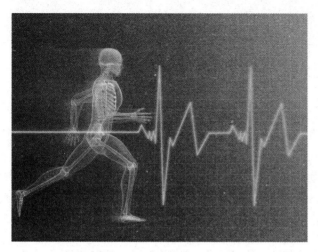

△ 人体的所有生理活动都有节律性

同步，机体便会失常。中国古代学者一直认为，天地、自然和人，关系错综复杂，相互依存并相互影响。看来，"天人合一"的基础便在于此。

节律是人体生存和发展的基础，人体的所有生理活动都有节律性。我们平时所说的"最佳时间"即是以生理活动的节律性为基础而言的。这些节律包括有以人的一生为单位的节律（超年节律）、有年节律、季节性节律、月节律、周节律、日节律等。下面简要介绍一下人的几个典型的生理活动的节律。

大家知道，计划生育是我国的一项基本国策。婚姻法规定男在23岁以上，女在21岁以上才可以结婚。因为最佳婚龄时间男为25岁～28岁，女为24岁～26岁，过早结婚，有损身体健康，不利于学习和工作，也影响下一代。有报告说，最佳生育年龄男为29岁前后，女为27岁前后。还有经常说的最聪明年龄、最佳创作时间等都是以人的一生为单位而言的超年节律。

季节性节律的典型就是人情绪的变化及人的整个生理活动的波动。就我们的情绪而言，一到春天就会感到心情愉快，生机盎然；秋冬来临，万物萧条，人的情绪会莫名其妙地消沉起来。少数人特别敏感，甚至得什么"冬季情绪抑郁症"等。人的生理活动在夏季最佳，冬季最差。

以月为周期的例子便是女性的月经周期及相应的血液中一些激素含量的变化，人体三节律也类似于月节律。大多数女性的月经周期是28天，也有为20天或30天的。所谓人体三节律是指体力节律，其周期为23天、情绪节律其周期为28天、智力节律其周期为33天。其实，月节律是非常广泛的，如人的眼睛对红光的反应在"朔日"（农历每月初一）最敏感，体温、激素分泌水平、代谢水平、心理状态等都有明显的月周期现象。

美国、前苏联等国的科学家发现，工人工作和学生学习的效率表现有周节律现象：星期一低，星期二提高，星期三、星期四再提高，而星期五下降。

日节律也是很广泛的，如体温在夜间2时至5时最低，傍晚17时至19时最高，但日差不超过1℃等。需要说明的是，人体生理活动的节律性不是单一的，而是不同周期的节律同时存在的。比如说人的体温、血液中激素水平、情绪等不仅有日节律、月节律，而且还有季节节律、年节律等。我之所以要写这一小节，不是为了让大家记住哪个年龄最适合干什么或哪个时间情绪如何，而是让大家重视我们自身所存在的多种多样、非常庞大的节律体系。

学习、记忆在我们的生活中占有至关重要的地位，它是人类生理心理活动的一种特征，是我们对事物用经验的认识、保持和运用的过程，是对信息的吸收、储存和再现的过程。可以说，从我们出生的那一天起就开始学习了，直到我们死亡，正所谓"活到老，学到老"。学习、记忆能力的好坏是人一生成功的关键。不可否认，有聪明者，有愚笨者，但那毕竟是少数。大多数人的智力水平是在一个级别上或基本上在一个级别上的，只要你将自己的潜力发挥出来，你是不会比别人笨的。节律是人类生命活动的基础，但大多数人却不知道生命节律，更不会去运用节律。只有我们顺着节律去学习、记忆，我们应有的智力水平就能充分发挥。

学习记忆是脑功能的一部分，学习能力取决于大脑神经细胞的情况。中枢神经系统适度的兴奋性、充分的血氧和能量供应、脑内足量的蛋白质和核酸合成、适当浓度的神经递质等因素都影响学习和记忆。相应的，人体节律与学习、记忆有关的有体温节律、血糖节律、神经递质节律等。例如，人的体温在下午达到最高，体内的代谢变得活跃，对于血糖的利用和神经系统的兴奋性相当重要，在一定程度上有利于长时记忆活动；体温降低则有利于记忆负荷大的记忆活动，如早晨容易记单词就是这个原因。

一天中，人的记忆活动和学习能力有两个高峰，一个低谷。两个高峰一个在早晨，一个在下午，低谷是在午后1点钟左右。上午10时和傍晚7时左右

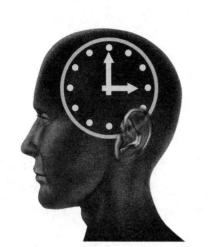

是学习的高峰期，午饭后的午睡是必要的。另外，一天中何时记忆力最好，其实是与最佳用脑时间有关。最佳用脑时间是因不同人的节律类型不同而有差异的。所以，这就要求我们通过自身的切身体验和比较，判断自身的节律类型，把最佳用脑时间固定下来，制定出相对稳定的作息规律，时间一久，大脑皮层会建立起各种条件反射。其实，大脑有其规律性，如果生活作息不规律，就会使大脑正常的节律发生紊乱。现代时间生物学家一般把最佳用脑时间分为三种类型：猫头鹰型、百灵鸟型和混合型。

猫头鹰是晚上活动的，毫无疑问，这种人的最佳用脑时间是在夜幕降临后。猫头鹰型又称为夜晚型，他们上午困倦，工作、学习效率低，而一到下午或晚上，脑细胞便进入兴奋状态，到睡觉时还毫无睡意。多数脑力劳动者和长期夜班工作者即属于此种类型，毛泽东是典型的例子。百灵鸟型又称清晨型，这种人起得早，清晨思维活跃，美国总统杜鲁门即是典型例子。而绝大多数人属于混合类型，一天中用脑效率差不多，但也有高峰和低谷。只有那些掌握了自己的规律，又能按规律办事的人，才能百尺竿头、更进一步。告诫青年朋友们，切莫为了应付考试而打破自己的规律，而要做到调整节律来迎接考试。

人类只开发出大脑10%的区域吗

先让我们想想在我们的头骨之下拥有的是一件多么非凡的工具吧！如果你是从这本书的开头开始读起的，你就已经让你的大脑经历了相当大的练习了。通过对问题和答案付出那么多的思考，你已经获取了极大的信息量，而所有这些都发生在你的头骨内部那仅仅1千克重的一个构造里。请注意，它可是一个1千克重的饥渴的家伙。

平均一个人的大脑中有1000亿个神经元，这几乎是地球人口的20倍。这些神经元细胞是信息的传播者和接收者，它们接受微电流并在需要时传输微电流。它们是整个神经系统的基础。例如，如果你戳自己的手指头，将会有一股信息流通过神经从你的手指传向大脑再返回，最终告知你手指受伤了。

对于人体所有的神经元来说，大脑是一个主要的能量消耗者。所有那些神经元就像是小电池，而当它们传递完它们的电荷后，就必须被替换掉。所有能量必须来自于某些地方，而已经计算出人体总能量的20～30%是被大脑消耗掉的。换一个方式来说——你餐盘里超过1/5的东西都被用来维持大脑的运转。

说大部分的大脑无用，是一个谬论。想一想：人类的身体已经完美地进化到可将它自身缩小到最高效工作状态的机械的一部分。那为什么作为一个运转着的东西会有空闲的大脑这种情况，却没有一个好的解释呢？这就是进化论者所争论的问题。

但确实并非全部的大脑都在一直运转。一小部分大脑在你不使用它们的时候会进入一个停顿的状态，比如当你闭着眼睛睡觉或听音乐时，在这个时候你仅利用了脑力的一小部分，这是有可能的。但如果电话响了，你跳起来去接电话时，所有的那些神经元会突然进入活动状态，而不会再有多少还将保持着深度睡眠状态。

为什么人的眼睛、耳朵成双成对，嘴却只有一张

你或许以为大脑在处理事情时能力不同，它更擅长帮助我们识别味道，所以有一张嘴就够了。而听和看需要大脑更多的支持。刚好相反，这是因为我们的大脑是那么的聪明，以至于我们都已经进化出了两只耳朵和两只眼睛。这都是为了辨别我们相对于其他人和物体来说所处的位置。这曾经是（并仍然是）人类一个重要的生存技能。例如，如果你不能清楚地看到悬崖的边缘，你就不能判断它到底有多远。

从某种意义上说，我们的耳朵和眼睛是相似的，因为它们任何一个都会为我们提供一个略有不同的映象。如果你把某个东西靠近自己，并轮流闭上一只眼睛，你会在每一只眼睛所看见的图像中，发现一点点的不同之处。声音也是一样。而这种视觉和听觉上细微的区别，会帮助我们确定任何特殊目标的位置或声音的来源。而另一方面，我们的嘴在方向判断上并没有扮演什么角色，这也可能是为什么我们仅有一张嘴的原因吧。总之，想象一下有两张嘴的生活。决定哪一张嘴来吃食物可能是非常有趣的——厚此薄彼吗？这也意味着完美的声音会同时从两个地方出来，这会使得耳朵的方向判断工作变得更难了。

为什么人们讨论大脑会涉及 "灰质体"

大脑的一部分是灰质，大概占大脑的40％，剩下的60％为白质，不过女人和男人是不一样的。一般女人的大脑要更小一些，但脑中的灰质含量要比男人高。灰质体是履行大脑的处理功能的，而白质体担当了信息传输的指挥者。虽然不能将大脑和计算机做类比，但你可以认为灰质体担当的就是微芯片的工作，而白质体就是将它们连接在一起的印制电路。

男人和女人脑内灰质体和白质体的比率不同说明了一个事实，那就是女人通常是更好的交流者，而男人会有更强的空间意识。这可能是为什么需要一个男人来分析地图，而一个女人来说明她们为什么会在第一个地方迷路的原因。最新研究指出，我们大脑中白质体的数量也会影响我们说谎和欺骗的能力。因为要花费更多、细致的思考来说一个成功的谎言，科学家们相信大脑中的白质为说谎者能更快速地思考提供了工具。因为白质体越多，在灰质体内处理器间的连接被制成的速度就越快。具有自我表现和不说谎的本能也在灰质体中被发现，而惯于说谎者趋向于拥有更少的灰质体，这使得他们的问题变得更糟。灰质体还是一个贪婪的家伙——大脑需要的氧气有94％都是供给它的。

杀人蟹真的能杀人吗

　　日本青年井太郎和真惠子是一对恋人。1990年的一天，他们在大阪美景如画的海面上划船游玩，突然，海鸥发出了一声声尖叫，惊恐地向高空飞去，在船两边嬉戏的沙丁鱼也惊慌地四下逃散。这可是危险即将来临的信号，他们却全然不知，继续陶醉于轻舟荡漾之中。此刻灾难正一步步向他们逼近，在不远处的海面上，有一对潜望镜式的眼睛，像幽灵一样窥视着这条小船，当它发现这条小船上的确有猎物时，便悄悄地从水下潜游过来，迅速逼近了小船，刹那间，一只巨大的怪物从井太郎背后的船舷边"嗖"地一下伸出一双巨爪，牢牢地钳住船舷，然后又伸出钢钳般的大螯，以迅雷不及掩耳之势袭向井太郎。真惠子正巧抬头，看见井太郎后面有一个大怪物，吓得大叫起来："海怪来了！"还没等井太郎反应过来，怪物的大螯已牢牢夹紧了他的双臂，另一只尖锐的爪子也深深地扎进他的体内。原来，这是一种特大海蟹，体长10多米，呈尖梭形，它有8条腿和1对强大有力的蟹螯，蟹爪伸展开时，其长度可达3米以上。这种大蟹不但身躯巨大，而且动作灵敏，性情凶恶。无论在水中还是沙滩上，它都会向人类发起攻击，渔民们称之为"杀人蟹"。小木船在剧烈地摇晃，然后向一边倾斜，井太郎被"杀人蟹"拖下水，惊恐万分的真惠子大喊"救命——"，附近的游客闻声过来相救。他们透过幽蓝的海水看到令人心悸的一幕：巨大的杀人蟹用钢钳般的爪子缠住井太郎，不停地猛戳井太郎的头部和颈部。

　　井太郎全身是血，除了脚还在乱蹬之外，他已经丧失了反抗能力。而在数米深的水下，许多只杀人蟹正在向这里快速游来，准备分享这顿丰盛的人肉餐。对此，游客们束手无策，谁也不敢跳下去救井太郎，就急忙划船强行拉真惠子离开这危险之地。当他们回头张望时，这一片海水都成血水了。

几个月后，横滨沿海的一个海滩上又发生了一桩更为惨不忍睹的血案，这次杀人蟹袭击的是一个年仅8岁的女孩儿。那天，山木夫妇从广岛带女儿芳子来横滨避暑。中午，芳子趁父母不备，悄悄溜到海滩。这时已开始退潮，芳子万万没料到死神就在她最愉快的时候降临了。浅水滩上有一对正在交配的杀人蟹，由于芳子打扰了它们的好事，被激怒了的雄蟹，突然举起令人生畏的大螯凶狠地扑向芳子，芳子大叫着转身就跑。但为时已晚，才跑出十多步，就被杀人蟹追上。雄蟹的大螯凶残地钳住了芳子细嫩的小腿，芳子发出阵阵的惨叫声。

△ 巨大的杀人蟹

刚刚靠岸的渔民闻声赶来。只见杀人蟹拖住一个小女孩，正使劲往海里拖，他们虽然拿着铁钩、木棒却不敢下手，怕伤及小女孩，只得依仗着人多势众，赤手空拳地与杀人蟹展开肉搏。他们有的抓住巨蟹，有的去抢夹在蟹爪里的小女孩。杀人蟹面对众人的进攻，反抗愈发强悍凶猛，它仗着八条利爪和两只大蟹螯，不仅拖住小女孩不放，还向接近它的渔民发起猛攻，好几位渔民被蟹爪扎得到处是伤。渔民们齐心协力，硬是从蟹爪下抢出这位可怜的小女孩。但此时芳子已经皮开肉绽，血流如注，人们一摸，才发现她早已气绝多时。

杀人蟹不仅在海滩上攻击人，而且还向小船上的渔民进行偷袭。1993年，因受厄尔尼诺海洋气候的影响，千岛群岛附近洋面浅水区的大马哈鱼都往深水区迁移。7月的一天，千岛群岛的渔民井三本出海捕鱼，他和掌舵的伙计在浅水区白忙了一上午，连大马哈鱼的影子都没有见着，于是决定到深水区捕捞。

当船进入海水有点发绿的深水区后，井三本叫伙计放慢航速，他站在舱前，把身体倾出船舷，弯腰向海里投放流网。突然，从海水中蹿出一个怪物来，两只巨大的螯钳准确无误地钳住了他的双臂，井三本惊叫一声，便被拉入水中。掌舵的伙计还不明白到底发生了什么事，一抬头发现井三本不见了，他深感大事不妙，连忙向附近的4艘渔船呼救。4艘小船立即聚拢在一起，渔民们看到海水中一只巨蟹紧紧拖住已丝毫不能动弹的井三本，并慢慢向海底沉去。一个眼尖的渔民发现巨蟹被流网缠了个正着，尽管杀人蟹紧抱着井三本，它却无法脱身。机不可失，这位机智的渔民立即拉起流网的一端，在其他渔民的帮助下，迅速把流网拖了上来。渔民们用力剖开流网，想救井三本时，只见杀人蟹仍然死抱着井三本不放，掌舵的伙计操刀朝杀人蟹砍去，直到坚硬的大蟹螯被砍断，负痛难忍的杀人蟹才松开井三本，之后又剧烈挣扎着，一个翻身扑向海面，极不情愿地潜往海底。井三本虽然得救了，但却被巨蟹折磨得奄奄一息，这种死去活来的感受令他终生难忘。

以前人们从来没有发现过这么巨大的螃蟹。已知世界上最大的蟹有两种，一是高脚蟹，又名日本大螃蟹。这种蟹产在日本东京湾以南的深海中，两只蟹足伸开有3米多长，最长的达5.84米。而它的头胸骨（即甲壳）只有40厘米宽，体重只有65公斤。因此它并没有多大力气，也没有攻击人的能力。日本渔民对高脚蟹很熟悉，他们说杀人蟹绝不是这种蟹。另一种是产在大洋洲的巴勒海峡巨蟹，这种蟹重达13.6公斤，比较粗壮，但体长不过1米左右，也和杀人蟹形状不同。

据日本生物学家们调查分析，杀人蟹似乎是一种蜘蛛蟹。蜘蛛蟹平常个头并不大，体长不过0.5米，通常生活在3600米以下的深海里。它们怎么突然变得如此庞大凶恶了呢？有人认为：它们可能是受到深海中核废料的刺激，体态发生急剧变异，才变得如此巨大。但这也只是猜测而已。在真正捕捉到一只杀人蟹的实体之前，这种可怕的巨蟹对人们来说仍然是个谜。

用生物学揭开"异性相吸"之谜

一位穿吊带裙的女子吸引了同桌的三个男人。她侧着头，抬手把黑发掠向脑后。坐在不远处的人类学家戴维·吉文斯正以老练的目光观察着这一切，他说："她很擅长此道。倾斜的头、裸露的手臂，这些都是让人亲近的信号。"十多年来，这位人类学家、华盛顿州斯波坎非语言中心的负责人经常出入酒吧等公共场所，专门观察人。他的动机是弄清有关物种生存的一个基本问题："两个异性个体是如何接近并最终亲密到共同繁殖后代的程度？"

一切从好感开始。目光相遇，身体逐渐靠近，试探着打破尴尬局面。他给她买一杯饮料，她被他的说笑逗乐。她观察他的面孔，他猜测她的意图。终于，一方鼓足勇气向对方要电话号码，后来又勇敢地拨通了电话……一次约会，一顿午餐，一杯咖啡，或许一场电影。第二次约会，他们的话题多了起来，笑容也来得更自然。日渐熟悉带来了好感、喜欢，甚至爱情。

最后是彼此拥有的承诺——永远永远。

这一切都很正常。但是，在爱情不可言喻的神秘与伟大之下还隐藏着一些基本的生物学法则和基因法则。大自然不动声色地影响着男女最初的交往，正是这最初的行为引发了后来的一系列事情并最终带来了热恋。

比如，好感就有一些跨越文化和国家的规律；好感表现的姿势似乎深深地植根于我们的进化史。科学家发现，那些姿势所遵循的魅力标准可能已经延续了数百万年。这些标准经过了漫长的进化史，因为它们指向最健康的伴侣。只有爱上健康的个体，我们通过子女把基因留传下去的机会才最大。奥斯汀得克萨斯大学心理学家德文德拉·辛格说："我们无法脱离健康谈论美。"

例如，两万多年来，男性始终被具有一定腰臀比例的异性所吸引。28岁的洛杉矶警察阿蒂·巴特勒仰慕未婚妻的才智和自信，但她的体型也给他留下了强烈的第一印象。"她腰部很细，臀部丰满，还有一双漂亮的长腿"，他一语道破，"我喜欢她的腰部"。

研究者认为，巴特勒的反应背后有深刻的生物学原因：细腰丰臀的女性比身材平板的女性更容易生育。女性似乎对高个子男人更感兴趣，因为他们的生育能力较强。因此，尽管真爱可能深不可测、复杂难料并受到个人心理的影响，人们对配偶面貌和身材的本能渴望却受到生殖需要的支配。毕竟，从长远来看，生命游戏的名义是把你的基因传给下一代。数百万年以前，人类的祖先不得不在没有因特网婚姻介绍服务、DNA分析、社交俱乐部或乡村媒人的帮助下找到一个配偶完成这件事，他们能够凭借的只有外表。

刚从哈佛大学毕业的尤金妮亚·康在校园里认识乔·谢尔格时对他没什么印象。但到毕业时，情况却发生了变化。"他长大了，英俊了，不再是那个瘦弱的新生。他变得成熟了"。于是，她有生以来第一次开始"追求"一个人。

新墨西哥州大学的生物学家兰迪·桑希尔认为，康追求的也许是身体中激素的变化和这些激素显示的抗病能力。从进化论的角度看，与一个产生多病后代或在把后代养大前就死去的生物配对无异于自取灭亡。

其实，羽翼华美的鸟儿认识到这一点的时间远远早于人类。生长并保持漂亮的羽毛需要许多能量，最著名的例子就是孔雀的尾翎。孔雀的尾翎不仅显示美丽，而且表明强壮。有漂亮羽毛的鸟儿在对那些潜在的配偶们说："看我多壮实，我的免疫系统多棒！我拖着这么长的一条尾巴还能抵抗寄生虫，又能抢到食物。我有这么好的基因，最适合做老公！"

不错，这是炫耀。但从本质上说，人类也是这么做的。激素标志着强大的免疫系统，尤其是雄性睾丸激素和雌激素。但激素的情况很难检查，因而人们只好寻找外部标志。对于男子来说，他们的面部会反映出睾丸激素的含量。桑希尔说，那些睾丸激素水平最高的男孩子成年后往往下巴更宽，额头更粗犷。睾丸激素也与肌肉的发育有关，后者是从男孩变为男人的标志，也是一个明显的进化优势。同样，个子较高的男性生育子女的概率也更大。

男性注意的则是雌激素何时开始塑造女性的体态，这种塑造主要表现为臀部积聚脂肪，腰部相对臀部的比例逐渐缩小。奥斯汀大学的辛格认为，最迷人的腰臀比在0.6～0.7之间。数千年以前，人们并不能规律地获取食物，必须有什么吃什么。当孕期缺少食物时，臀部和大腿的脂肪就会发挥不可估量的作用，尤其是在孕期最后三个月和哺乳期。即便在今天，这种腰臀比也是怀孕成功的最佳条件之一。

体现内部基因的另一条外在线索是面部和形体的对称。桑希尔和他的同事在几项研究中发现，无论男女都被对称所吸引。他们把这也归结为身体强壮的标志。一对相同的基因总比一个好，假设一个有时会产生缺陷。

吸引力的发展变化也会出现有趣的转折。尽管女性在求偶时喜欢形体对称和面孔特征显示睾丸激素水平高的男性，她们在抚育子女时却喜欢其他类型的面孔。苏格兰研究人员发现，女性——尤其在最可能怀孕的时刻——往往会被带有女性特征的男性面孔所吸引，这些特征包括小下巴、大眼睛等等。研究人员猜测，可能因为这类男子守在妻子身边、帮助抚养孩子的可能性更大。

男子的求偶方向则几乎正好相反。新墨西哥州立大学的精神生物学家维克多·约翰逊发现，心形面孔、小下巴、大眼睛等特征尤其吸引男性。这是由男性历来的求偶习惯决定的。约翰逊通过因特网上的一次调查发现，22岁左右、长着心形面孔的女子对男性最有吸引力。约翰逊说，这个结果决非偶然，因为22岁是生育高峰。这一年龄段的女性为男性把自己的基因延续下去提供了最好的机会。

为家族的基因增加一点多样性也是明智的，这使各种生物的抗病能力得以提高。另一方面，近亲相配更加突出了这种弱点。事实再次表明，在漫长的进化过程中，人们似乎发现了各种办法，在无须求助于DNA分析家的情况下找到基因不同于自己的配偶。

芝加哥大学遗传学家卡罗尔·奥伯对近亲繁殖可能性很大的哈特派信徒进行了研究。这个教派居住在南达科他州，其成员全都是64位创建者的后裔。令人惊讶的是，哈特派教徒夫妇之间在基因上的差异远远超过了人们的想象。这有利于群体的生存，因为近亲相配会增加流产率。从事免疫系统基因研究的瑞士科学家发现，在气味上最吸引女性的男性，其基因也往往与她们的基因相差最大。

女性和男性还需要分辨出潜在配偶身上的另一种情况：危险。于是，人们在初次交往时就会以种种行为发出安全的信号。

戴维·吉文斯说："求爱就像一个无穷无尽的获得各种许可的过程。"一方显示出一点点兴趣，另一方没有拒绝，于是前者试着发出一个更强的信号看看结果怎样。关键在于男女双方都要显出没有恶意的样子。吉文斯说，有几种表示安全的信号是人类和猿猴共有的，这说明了这些信号在进化过程中的重要性。耸肩就是一个主要的例子，这是古老的惊愕反应的一部分，其目的是为了保护易受攻击的颈部。一位人类学家指出，比尔·克林顿在电视上为自己与莫妮卡·莱温斯基的不正当关系道歉时就做出了这个动作。

头部在倾斜时也动用了与耸肩有关的部分肌肉和神经线路。这两种姿势可以在动物进化史中追溯数百万年，而且在今天的某些动物身上仍然可以见到。它们都是退缩的表示，而非进攻的前奏。

类似的信号在脚上也有所体现。为一些公司担任顾问的吉文斯说："你有没有观察过老板对雇员说话时的样子？看看脚的位置。老板的脚尖向外，这是支配的姿势；而周围的人则无一例外地脚尖向内。"

尽管如此，人类并不完全受到古老本能的支配。世界上存在着各种各样的夫妻。以色列心理学家阿亚拉·毛洛奇说，因为在所有这些生物本能之上还覆盖着层层叠叠的个人经历，所以人们会产生不同的选择。

早期经历的影响似乎尤为强大。根据阿亚拉的研究，女性多认为配偶与父亲相似，而男性则认为配偶与母亲相似。

今天的科学技术使人们得以彻底抛开有形的物质世界——至少可以暂时如此。因特网上的聊天室就是一个例子，这给那些没有漂亮下巴或完美曲线的男男女女带来了希望。桑希尔说："在婚配的市场上，大家各有所长。你可以弥补外表的不足。"例如，一个男人如果长得不像从万宝路香烟广告上走下来的牛仔，他可以证明自己是一个负责的好伴侣，具备进化赋予的一切优点，同样的道理也适用于那些没有特大眼睛的女性。窍门在于把这些情感融入第一次接触当中。

青少年为何会脱发

在贵州省兴义地区灶矾山麓一带，人们发现了一个奇怪的现象：这里不少青少年小小年纪竟然发生脱发现象！这些小孩一开始感到头皮发痒和发热，接着发生脱发。人们四处寻找原因，后来经医生诊断，他们是因为铊中毒而发生了脱发反应。

这个地区有土法采矿遗留下来的矿渣，矿渣中含有一种叫做铊的元素。当雨水不断冲刷矿渣后，铊化合物被溶解在水中进入土壤，再进入水体。当人们饮用含铊的水和吃下含铊的水生生物时，就会发生铊中毒。铊中毒使人产生恶心、呕吐、腹泻、胸痛、呼吸困难等症状，还会造成青少年脱发。

铊属于一种重金属元素，其他重金属元素还有铅、汞、镉等。若人们摄入这些元素过量，也会造成严重的中毒现象。

目前，我国许多城市正在推广使用无铅汽油。那么，为什么要这样做呢？

铅是一种有毒的物质。当人们摄入较多的铅之后，铅就会在体内置换出骨中的钙。一开始，铅储存人们骨中不会有什么症状，因此，人们对它往往不注意。等到哪一天某人查出血液中铅含量过高时，往往表明此人铅中毒已经较深了。铅中毒还会造成妇女流产和不育，即使生了小孩，小孩也往往是低能儿。古罗马人用铅制的器皿盛装糖浆和酒，也用铅管子引水，因此，接触铅较多的贵族发生了妇女生育率低的情况。有历史学家甚至认为，古罗马帝国亡于铅。

由于在汽油中加入少量的含铅物质可以有效提高汽油的使用效率，因此较长时间来，燃烧汽油的汽车成了城市大气铅污染的主要污染源。我国政府对大气铅污染问题十分重视。现在，有不少城市已禁止使用含铅汽油，而改

△ 脱发是因为铅中毒吗

用了无铅汽油。

某些不合理的生活习惯也可能引起铅中毒。用传统方法制成的松花蛋虽然好吃，但其往往含铅量较高。如果吃松花蛋太多，尤其是对铅吸收率较高的小孩吃松花蛋太多，就有可能引起铅摄入量过多。另外，有专家指出，爆米花含铅量高，不宜多食。这是因为加工爆米花的机器含有铅的成分，一旦把它加热到400℃以上，铅就会以蒸气的形态大量逸出，从而使爆米花含铅量大大超出规定的指标。

若人体摄入过量的汞、镉等元素，也会产生中毒现象。1953年，日本水俣市发生居民吃下含汞食物引起汞中毒，患者大多开始四肢末端或口周围有麻木感，随后出现动作障碍、感觉障碍等症状，严重的导致全身瘫痪，当时有41人死亡。由于孕妇摄入过量的汞导致胎儿脑组织受损，故水俣市很多先天性痴呆儿。1955年，日本富山县神通川流域居民因长期饮用被镉污染的河水和用此水灌溉的稻米，导致镉中毒，表现为关节疼痛，骨畸形，易骨折。有报导，高血压患者尿中的镉含量常常比正常人明显的高。

人们应该如何去做，才能防止重金属污染环境呢？

首先，要在城市交通中普遍使用无铅汽油，这是防止铅污染大气的重要措施；其次，工厂不能随意排放有毒的废气、废水和废渣。例如，镉常常与铅锌矿石共生在一起，用此矿石进行冶炼，工厂排放的废水和废气中就会含有浓度相当高的镉，因此对这些废水和废气必须经处理后再作排放；再次，要防止酸雨的产生。有关报导，国外一些地方由于酸雨的影响，地下水中锌、镉等离子浓度上升到正常值的10～100倍，严重影响了地下水的质量。由于锌中常含有少量的镉，酸性水还会使镀锌铁管有较多的镉离子进入水中，人饮用此水则有可能中毒。

阿尔泰山地区，是上古时代阿尔泰文化的发源地，中西史学家的笔触都曾在此交汇，他们共同记载下来的历史状况之相似，令人吃惊。

《庄子·逍遥游》中，记载有一个极北之国，名曰"穷发"，就是光头人。在阿尔泰山南北，都曾发现过光头石人，反映这部分居民有剪发的习俗。在希罗多德的《历史》中，也写到秃头人："直到这些斯奇提亚（斯基泰）人所居住的地区。上面所说到的全部土地都是平原，而土层也是很厚的。但是从这里开始，则是粗糙的和多岩石的地带了。过去很长的这一段粗糙地带，则有人居住在高山的山脚之下，这些人不分男女据说生下来便都是秃头的。他们是一个长着狮子鼻和巨大下颚的民族。他们讲着他们自己特有的语言，穿着斯奇提亚的衣服，他们是以树木的果实为生的。"一种看法认为，这些秃头人是指居住在阿尔泰山之南、天山之北的突厥种。秃头人与新疆阿勒泰地区萨木特石人很接近，具有非常宽的鼻翼和宽圆的下颚。秃头人也应属于鬼国人，是鬼国人的一支。因此史籍记载的光头人，应指居住在阿尔泰山以南、天山以北的突厥种人，也即鬼国（匈奴）人的一支。

《淮南子·地形训》云："北方曰积冰，曰委羽。"高诱注："委羽，山名也，在北极之阴，不见日也。"而希罗多德的《历史》写道："人们说，斯奇提亚上方居民的北边，由于有羽毛白天降下的缘故，没有人能够看到那里和进入那里去。大地和天空到处都是这种羽毛。……我的看法是这样，在那个地方以北，雪是经常下的，虽然在夏天，不用说雪是下得比冬天少的。凡是在自己身边看过下大雪的人，他自己是会了解我这话的意思的，因为雪和羽毛是相像的。而这一大陆北方之所以荒漠无人，便是由于我所说的、这样严寒的冬天。因此，我以为斯奇提亚人和他们的邻人在谈到羽毛时，不过是用它来比喻雪而已。以上我所说的，就是那些据说是最遥远的地方。"而普林尼在《博物志》中也记载"有烈风之山和终年飞雪如羽毛而被称为羽毛之区，那是被自然判了罪的世界之一角，埋在阴沉黑暗中，毫无生气，只有冰冷的北风肆虐"。这与《淮南子》所说的"委羽之山"是多么吻合呀！至于"烈风之山"，实际上也就是《山海经·西山经》中的"不周之山"，是西伯利亚寒流的发源地。

普林尼在谈到烈风之山和羽毛之区时，指出其附近住着独目人："距北风出发之处和名为北风之穴的洞——其地号称'世界的门闩'，即世界边缘——不远的地方，据说有独目人，以前额当中有一目著名。他们为了宝贵的矿藏跟格立芬人进行不断的斗争。"麦伽斯提尼《印度志》也说："独目人，狗耳，一只眼长在额正中，头发直立，胸部毛氄氄。"独目人，也就是《淮南子·地形训》中的"一目民"、《山海经》中的"一目国"。《山海经·海外北经》称："钟山之神，名曰烛阴，视为昼，瞑为夜，吹为冬，呼为夏，不饮，不食，不息，息为风，身长千里。其为物，人面，蛇身，赤色，居钟山下。"钟山就是金山，也就是阿尔泰山，即普林尼所说的烈风之山与羽毛之区。

关于独目人，这是东西方史学家最热门的话题之一。希罗多德写道："在伊赛多涅斯人的那面，住着独眼人种——阿里玛斯波伊人，在阿里玛斯波伊人的那面住着看守黄金的格律普斯，而在这些人的那面则又是领地一直伸张到大海的极北居民。……在斯奇提亚语当中，'阿里玛'是一，而'斯波'是眼睛的意思。以上所提到的一切地方都是极其寒冷的，一年当中有八个月都是不可忍耐的严寒；而且在这些地方，除去点火之外，你甚至是无法用水合泥的。"据研究，这阿里玛斯波伊人就是匈奴。

在《山海经》中，明确地指出一目国就是鬼国。如《海内北经》云："鬼国在贰负之尸北，为物，人面而一目。"《大荒北经》云："有人一目，当面中生，一曰是威姓。"袁珂指出："鬼、威音近，又同在北方，同为一目，疑亦此国。"言之成理，所谓鬼国，也就是我们在上面考证过的匈奴。

希罗多德不是西方记述独眼人最早的历史学家，比希罗多德早两百多年的普罗柯尼苏人阿利斯铁阿斯早就有一本《独目人》专门描述这个东方传奇部落的故事，可惜这部长诗在公元前4世纪即已亡佚。公元12世纪拜占庭黏诗人泽泽斯的《千行卷汇编》中还保存了几句，大意是："以长发自豪的伊塞顿人说，他们的北风方向那边的邻人，是人多势众的勇猛战士，富有马匹，羊和牲畜成群。每个人只在前额当中长着一只眼。他们毛发毵毵，强悍无比。"

孙培良先生对中西文献中有关独目人的记载进行了对照，他指出："这里的一目国、一目民、人面而一目的鬼国，当然是从西北传入的传说，与阿里马斯普相当，只是没有和看守金子的格立芬相应的怪兽。"但是他忽略了《山海经·西次三经》中"昆仑之丘，实惟帝之下都，神陆吾司之。其神状虎身而九尾，人面而虎爪。是神也，司天之九部，及帝之囿时"。还有《海内西经》中"开明兽身大类虎而九首，皆人面，东向立昆仑上"。如果我们把昆仑山认定为今阿尔泰山，则西方神话中的看守黄金的怪兽就是陆吾或开明无疑。

从米努辛斯克石人的雕刻来看，所谓独目人只是在额中多画了一个圆圈，作为太阳图腾的标志，实际上是三只眼。《山海经·海外西经》将"三目"与"一目"连叙："一臂国在其北，一臂一目一鼻孔。有黄马虎文，一目而一手。奇肱之国在其北，其人一臂三目，有阴有阳，乘文马。"古代神话中的大神往往有威力无比的第三只眼。古希腊大神宙斯在某些地方性神祠都刻画为三只眼；古印度的大神湿婆第三只眼能喷火灭妖；藏族英雄格萨尔"身高九丈三个眼"；蒙古族的英雄乌恩是"长着三只眼的红脸大汉"；汉族英雄二郎神也是三只眼，哪吒三头六臂，每头三眼，故为九眼。这些第三只眼都能喷火，说明其原型都是由太阳图腾演变而来的。有人把这第三只眼追源于印度，但考古事实告诉我们，应该追溯到米努辛斯克的夏人太阳崇拜才是。

这种风俗在印度的影响表现为在额头点以朱砂痣，这可能与古代阿尔泰种族入侵印度有关。据卫聚贤介绍，直到近代，在西藏及不丹尚有在额头雕刻第三只眼的人。"在光绪三十年左右，成都有人看见有二十几个三只眼的人从西藏到北京去朝贡，路过成都，被人围观。详察正中额上的一只眼，非真的眼睛，系于幼时以刀刻画其额为一小直孔，含以黑珠，长大了珠含肉内，肉缝裂开，恰似竖立的一只眼。"如此，我们推论远古时代的米努辛斯克盆地的居民，也可能做出类似的举动，在额头上刻以十字，十字是太阳的标记，故鬼族的"鬼"，在甲骨文中便成了：上面是人头，下面是人腿，中间有太阳记号。

但这种特异的标记使周围别的民族感到可怕，于是"鬼"字便成了"魔怪"的同义词。在荷马史诗中，记载了一个吃人的独目巨人库克洛佩斯的著名传说。故事说，库克洛佩斯是巨人的统称，这一名字的意思是"圆眼"，因为他们仅有一只长在前额正中的眼睛。他们住在洞里，以岛上的野生物和他们豢养的羊群为食。他们不习耕作，不信神祇，没有管辖和法规。

有人认为，库克洛佩斯不是中国神话中的"一目国"，因为一目国是"纵目"，而库克洛佩斯是"圆眼"。事实上，一目就是圆目，在米努辛斯克石人像中，额中一目确是圆而又圆的，是太阳的形状。据赫西俄德《神谱》描述，库克洛佩斯是天神乌拉诺斯和地神盖亚之子，兄弟三人：布戎忒斯（意为"霹雳制造者"）、斯忒罗佩斯（意为"闪电制造者"）和阿耳革斯（意为"亮光制造者"），其含义都与太阳一样，属于天象一类的神。所以库克洛佩斯神话应与米努辛斯克独目人，也就是夏人的太阳图腾有关。

类似于希腊独眼巨人的神话在塞尔维亚、罗马尼亚、爱沙尼亚、俄罗斯、芬兰都广泛流传，故事大意都是：有个妖怪，只有一只眼睛，每天都要吃人，后来有人弄瞎了它的眼睛，然后逃走了。这与中国人把"一目国"称为"鬼国"，亦是相通的。

天生神医的未解之谜

　　从未进过医学院校，也不用消毒剂、麻醉药和缝合手术，仅凭他的超能力，就能轻松地施行各种外科手术，医治了许多令医学专家们棘手的顽疾，他的"医术"令拉美地区的医学界震惊，他就是被人们誉之为"神医"的巴西人阿里戈。

　　阿里戈的医术初露头角是在1950年。一个偶然的机会使他和一位严重的肺癌患者巴西参议员比当古同住一家旅馆。半夜，参议员的房门突然开了，只见阿里戈目光迟钝，手执一把剃头刀走了进来。平时讲葡萄牙语的阿里戈，这时却用夹着法国腔的声音说："情况紧急，非得动一次手术不可。"说着就用闪光的剃刀向比当古刺来，参议员不觉得疼痛，却吓得昏了过去。参议员苏醒过来时，房内别无他人。他觉察睡衣被割破了并有一摊血迹，背部肋骨部位有一道明显而平整的切口。第二天，他把伤口给阿里戈看并告诉他昨夜所发生的事，阿里戈虽想不起是怎么回事，但他相信是可能发生的。因为几年来，一阵阵奇怪的医疗幻觉总是困扰着他。他祈祷着：但愿比当古的医生证明他没有做害人的事情。比当古乘飞机到里约热内卢找他的医生，不久传来了令人难以置信的消息：肿瘤已被干净利落地切除了。医生满以为这是在美国做的外科手术，于是参议员才向医生讲明了真相。几天之内，这条新闻通过各种报刊，让全巴西的人们都知道了。此后不久，阿里戈的一位朋友患了子宫癌行将去世。他偕同妻子来到临终病人床前向她告别，就在他低头做祈祷时，他的头脑开始感到刺痛，眼睛也模糊了。突然，他冲到厨房拿起一把刀奔回房里，他命令大家向后靠，便拉下盖在女病人身上的裹尸布，分开了她的两腿，拿刀直接刺入下腹，接着使劲将手伸入切口，用力拉出了一个血淋淋的大瘤，不久，病人完全恢复了健康。这条新闻又震撼了这座小镇。从此，人们开始在阿里戈房子外面排队，恳求他治病。阿里戈曾试图拒绝，但头脑中的一个幻觉不让他安宁，总是要他每天诊治成百的病人。越来越多的医生也开始认真对待阿里戈了。

继而，"神医"阿里戈的消息引起了美国人的注意。1963年8月，美国西北大学的普哈里奇医生等一行4人，专程前往阿里戈的诊所进行实地考查。阿里戈当着他们的面，从病人队伍中拉出一个老人，用一把不锈钢水果刀，从眼皮底下深深插入老人的左眼窝。接着用刀在眼球和内眼睑之间猛刮，把眼珠撬得从眼窝里突了出来，老人没有丝毫疼痛的感觉，而普哈里奇却被吓呆了。就这样，阿里戈仅用一把水果刀，迅速地治愈了许多患者的肿瘤和疾病。没有麻醉，不用催眠术，无防菌方法，出血也极少。这究竟是怎么回事？普哈里奇和他的同行们苦苦思索，仍不得其解。普哈里奇左肘内侧长着一个脂肪瘤，他决心亲自体验一番。手术前，他们精心作了摄影准备。阿里戈用一把巴西折刀，不到10秒钟的工夫，将普哈里奇臂上的肿瘤挖了出来。普哈里奇几乎不敢相信眼前所发生的事。他的臂膀并没有感到疼痛，只是稍有异样的感觉，尽管阿里戈没有做伤口缝合手术，伤口却愈合得很好。普哈里奇一遍又一遍地放映手术影片，影片证实从切口到排除脂肪瘤所花的时间只有5秒钟，动作简直太快，无法辨别他是怎样切除的。他们也仔细研究了拍摄的其他病例的影片，同样也弄不清真相。

1968年8月，普哈里奇医生和由他组织起来的美国科学家小组，再次来到阿里戈的诊所，对阿里戈诊断疾病的能力集中进行研究。办法很简单：阿里戈对病人先作出诊断，然后由科学家小组查看病人的病历和诊断，再将二者作比较：结果发现，阿里戈对其中518个病例诊断的正确性与医生诊断的不相上下，两者的一致程度达到95％。阿里戈不仅能事先不了解病情就可做出正确诊断，更奇怪的是，他还能详尽地指出一个瘫痪病人是在15岁时一次潜水中，折断了颈椎骨而引起瘫痪的。通过对阿里戈治病时拍下的影片研究，美国医生们发现，阿呈戈开刀的切口边缘好像会自己"黏合"。他的手术惊人的敏捷和正确，其熟练程度甚至超过经过高级训练的外科医生，真是个奇迹。那么，阿里戈充满了神秘色彩的医术究竟是怎么得来的？这个谜还有待医学工作者继续研究以求得解答。

人类与猿类为何相差甚远

人类与猿类拥有如此相似的基因组，但却又如此不同，原因何在？人类与黑猩猩的基因密码只有4%的不同，这个差别是非常小的，因此有人认为之所以会出现诸多的差异是由于少数的起关键性基因的作用，人类基因组中这种基因在每2000个中只有50个左右。而上周《自然》上发布的研究报告却指出真正起作用的并不在这里。

概括起来说，研究者认为所起作用的不是那些特别的基因，而是基因作用的方式。蛋白质的分子是异常复杂的，即便只是基因规律发生微小的改变也会在生理构造和行为上有巨大的反映。

该研究的负责人、芝加哥大学遗传学副教授约阿夫·吉拉德从4种灵长类动物（人类、猩猩、黑猩猩以及猕猴）身上提取了肝脏基因，并对这4种灵长类动物1056个肝脏的基因表达进行了分析，而这些基因表达中体现了近7千万年的进化。

结果发现这些主要负责基本的细胞运转基因中的60%在表达形式基本上都没发生改变，最大的不同是在一组负责转录因子的基因上。这是非常重要的基因，负责控制其他基因的基因表达。

吉拉德说："最重要的问题是人类为什么会如此不同？就肝脏而言，到底是环境或生活方式中什么因素的改变使得人类在基因表达上有如此快的改变，而其他灵长目则没有？"吉拉德认为答案应该是在火种。"其他动物没有吃煮过的食物，或许在烹煮过程中的某些东西改变了最大营养摄入的生物化学要求以及动植物食物中自然毒素的处理需求。"

事实上，认为是基因表达而不是单纯的基因数字使得人类和其他灵长目动物发生如此巨大的差别的理论早在1975年就提出来过，但受限于当时的技术而无法更深入地对该理论进行证实。

人类能像动物一样"冬眠"吗

美国科学家正在寻找这个问题的答案。至少3组研究人员都在争取第一个在人类身上试验"人工诱发冬眠"的技术，全球首次试验有望在近期启动。

目标：让人一睡几个月

美国马塞诸塞州总医院的哈桑·阿拉姆是外科创伤研究专家，也是美军的医学顾问。他目前正在研究如何让遭受重创的病人在被送往医院的途中进入"休眠"状态，为最后的救治争取时间。

根据他提出的观点，救护车上应当配备生理盐水，这样当因车祸受重伤的病人因血液中钠元素过度流失造成血浆浓度下降的时候，可以在现场输入一定浓度的生理盐水暂时提高血浆黏稠度。这会使病人体温从37℃迅速下降到10℃，并使新陈代谢变慢，延缓创伤性休克的发生和伤口的恶化。这几十分钟"休眠"就可能拖住死神的脚步。

阿拉姆医生已经在几头五十多千克的猪身上进行了试验。通过这种方法，这些猪的心脏停跳和脑电波活动停止了2个多小时，在注入温热的血浆后，它们又恢复了生命迹象，而且目前看来没有产生明显的长期影响。阿拉姆医生准备今年末，在志愿者身上进行首例人类试验，未来可能在美军士兵身上进行，很多重伤员就是因为没有在第一时间得到抢救才丧命的。

此外，加利福尼亚大学洛杉矶分校和宾夕法尼亚州匹兹堡大学的复生研究中心也加入了这场科研竞赛，不过他们给自己提出了更高的目标。UCLA医学院的一名研究员表示："我们从20分钟（休眠）起步，但很快就会想突破局限，也许会持续几天、几周、几个月，我们还不知道。"

潜能：哺乳动物都能冬眠

冬眠是某些动物抵御寒冷、维持生命的特有本领。在每年4~6个月的冬眠中，它们的心跳、脉搏、新陈代谢都降到最低限度，不吃不喝，也不会饿死。

美国科学家道厄已经在冬眠动物的血液里发现一种名为"冬眠激素"的物质，它能够诱发动物冬眠。在盛夏，如果把冬眠激素注入黄鼠和蝙蝠身上，这些动物就会有规律地长时间沉睡。后来又在不冬眠的猴子身上做试验，发现猴子竟然也出现典型的冬眠状态，脉搏跳动减少50%，体温也

△ 小黄鼠在冬眠

降低了。当冬眠激素的作用减弱后，猴子又逐渐恢复正常。

2005年，美国研究人员在一份研究报告中称，吸入有臭鸡蛋味的氢硫化的老鼠会进入一种假死状态——心脏停止跑动，接着失去知觉，慢慢进入冬眠状态，呼吸几乎完全停止，体温由37℃下降到11℃。老鼠处在冬眠状态时间长达6个小时，在呼吸到新鲜空气后又慢慢苏醒过来，恢复了正常的生理机能。

领导此次研究的生化学家马克·罗斯认为，所有哺乳动物可能都具有"冬眠"的潜在能力，甚至人类也具有这种能力。而科学家所要做的就是打开这个潜在的开关，按照需求进行冬眠状态的转换。

复活：日本男子"冬眠"24天

此前，人类"冬眠"的例子屡见不鲜。1999年，曾经有一位挪威滑雪者不幸被埋在雪下1个多小时，在获救后人们发现他的心脏已经停止了跳动，体温也从正常的37℃降到了13℃，但是他最终还是通过治疗活了过来。

2001年，刚刚学会走路的加拿大幼童艾丽卡·诺德比在一个寒冷夜晚竟然自己糊里糊涂地走到室外，当她被母亲找到时，全身已经冻僵了。小艾丽卡被紧急送往医院，经过检查，医生宣布她已经"临床死亡"，因为她的心脏已经停止跳动两个多小时，体温已降至16℃。但医院抱着试一试的想法，

为艾丽卡实施解冻。令人不可思议的是，最后艾丽卡真的苏醒过来了！

最令人称奇的例子发生在去年10月。35岁的日本男子内越光高在登山途中不慎坠落沟谷，在没吃没喝的情况下昏睡了24天，等救援人员找到他时，他的体温只有22℃，但依然还活着。医生认为他当时进入了一种类似"冬眠"的状态，除了脑部活动仍继续外，身体其他器官的新陈代谢都几乎停滞。经过2个月治疗后，他奇迹般地重返工作岗位。

应用：为星际旅行带来曙光

其实，美国航天航空局（NASA）早在20世纪六七十年代就开始研究"人工诱导冬眠"技术，后来因进展缓慢而放弃。在中断二十多年后，内越光高的"复活"奇迹再次激发了NASA的热情，并为此项研究划拨了资金。欧洲宇航局也从2004年开始投入大笔资金，研究让宇航员"冬眠"的课题。

如果让宇航员在漫长的太空航行中进入"冬眠"，对食物的需求将大大减少。这也可以解决诸如心理压力、孤独症等棘手问题，为载人航天器登陆遥远的星球铺平道路。欧航局希望，如果这种"冬眠系统"及时发明出来，那么他们将在2033年发射飞船，派人类登陆火星。

变种：人体冷冻不是冬眠

目前，全球已有多家公司进行人体的冷冻业务。成立于1972年的美国阿尔科生命延续基金会是世界最有影响的人体冷冻中心，拥有700多名用户，其中约70人已经接受了冷冻。位于底特律市郊的"人体冷冻学会"也保存着68个"冷冻人"。

不过，医学家分析说冷冻和冬眠不一样，冷冻是完全把机体冻起来，基本是让生命停止在原来的状况，是完全被动的；而冬眠还有基本的代谢，具有一定的主动性。

此外，依据现行法律，"客户"只有在被确认医学死亡后，才能够进入冷冻程序，他们所期待的不仅是治愈疾病的疗法，而是"起死回生"的神奇技术。到目前为止，还没有一个"冷冻人"起死回生，也没有被解冻过。

"疯牛病"之谜

　　牛是最早被人类驯化的大型家畜之一，它们对人类社会发展贡献很大。在农耕社会，牛们颈带重轭，犁地拉车，任劳任怨。必要时它们也被拉上战场，冲锋陷阵，赴汤蹈火。到了机械化的工业时代，牛从劳动领域退出，主要以自己的乳汁和血肉供养人类（间或也被用于娱乐）。牛们一向温驯、笨拙，老老实实，从来不给人类惹麻烦。

　　但在1986年，英国发现了首例"疯牛病"。医学家们对死去的病牛进行仔细的解剖，经过反复研究后他们认为，这是一种慢性、致死性、退化性神经系统疾病；由于病牛大脑受到病毒破坏，它们最终会在近乎疯癫的状态下痛苦地死去，故称"疯牛病"。

　　一些病理医学家通过进一步的研究揭示，疯牛病病毒不仅在牛中间传播，还可以通过日常食物等途径传染给人类。食用带有这种病毒的牛肉、牛奶以及各种牛的肉乳类制品，尤其是病牛内脏和骨髓，均有可能致病。这个结论已经得到一些国家政府部门的肯定。

　　部分科学家们根据掌握的情况怀疑，疯牛病病毒可能就是引起人们患上"新型早老性痴呆症"（即"新型克雅氏症"或"变异型克雅氏症"）的罪魁。这是一种可传播型海绵状脑病，对人类生命健康危害极大。从1986年疯牛病在英国迅速流行开始，截至2000年12月1日，仅英国本土就发现了87例变异型克雅氏症，其中7例已死亡。而早老性痴呆症的发病率自1994年以来，以23%的速率猛增。据英国一些科学家的估计，英国已经约有50万人感染了变异型克雅氏症，最保守的估计也有14万人。目前发病率之所以不高，是因为这种变异型克雅氏症在人体潜伏期很长，从感染到发病平均约有28年，因而极具隐蔽性，不易发现，而一旦出现症状，其实表明病程已经接近晚期，半

△ 疯牛病也能传染给人类

年到一年内的死亡率为100％。

自英国出现第一头疯牛，其他欧洲国家也相继发现疯牛病病例。目前欧盟15国中，只有芬兰、奥地利和希腊尚未发现疯牛病。但一些科学家慎重指出，这些国家能否真正逃过"疯牛病"这场灾难，目前还不得而知。尽管美国迄今为止尚未发现过一例疯牛病，但症状与疯牛病相同的"疯鹿病"却悄然来临。2001年9月10日，在日本千叶县的一家制酪场中，一头奶牛突然失去站立能力倒在地上，兽医和专家们怀疑这头牛可能感染了疯牛病。消息传出，亚洲地区各国的畜牧饲养业一片惊慌。

疯牛病在欧洲一些国家造成的心理恐慌，几乎达到"谈牛色变"的程度。在起源地英国，人们根据政府的命令"大开杀戒"，已经宰杀了近30万头牛，这些牛都是仅仅被怀疑感染上了疯牛病，宰杀后经过处理深埋地下。英国畜牧业遭受损失的同时，肉食品工业也被直接牵连。人们对牛肉的食用慎之又慎，这些东西在餐桌上不受欢迎。一些格外小心的家庭主妇甚至直接从菜单上驱逐了牛肉。餐馆饭店等饮食业也受到广泛影响。在英伦三岛，就连一向极受顾客欢迎的牛排、牛肉汉堡等美食，也突然间失去了吸引力。至于其他一些发现疯牛病病例的国家，情形非常类似。不仅各国国内生活以及相关的生产、销售部门，就连国际间的进出口贸易（种牛、活牛、牛肉、鲜奶、奶粉、奶酪和黄油，甚至蛋糕、饼干、巧克力，以及有牛骨粉的畜禽类加工饲料），也在遭受沉重打击之列。甚至可以说，只要是和牛沾边的东西，都不受欢迎。西班牙旅游业兴旺发达，一直同源远流长、闻名遐迩的斗牛活动分不开，但因该国先后已确认有29头牛患有疯牛病，旅游业（特别是一年一度的斗牛节活动期间）受到巨大冲击。

据统计，世界上有一百多个国家（尤其是日本、印度、巴基斯坦以及东欧、中东、北非、东南亚等国家），曾经从欧洲进口过牛肉、牛乳以及相关食品；那里的饲养业也曾长期从欧洲国家进口加工饲料（含有牛骨粉、牛内脏等肉牛屠宰场各种下脚料）。这些国家一些人士目前都对可能将面临的危险，表示忧心忡忡。

科学家研究发现，疯牛病是一种由目前尚未完全了解其本质的病原——朊病毒所引起的。朊病毒和我们常见的感冒病毒、艾滋病病毒等普通病毒不同，它是人和动物体内正常的神经细胞中含有的朊蛋白在由良性转为恶性，由没有感染性转化为感染性的特殊变异过程中形成的一种纤维状的东西。当这些朊病毒进入人的体内时，不但不能被人体细胞中的溶酶体消化、杀死，更加糟糕的是它还可以影响某些进入到溶酶体中等待消化的蛋白质的构型，从而使它们也难于被消化。

最终，这些"吃"得太多、消化不利的溶酶体终于不堪重负而破裂。破裂释放出来的各种消化酶先是不断侵蚀细胞，促使细胞壁破裂，接着它们又进入人体的各个组织器官中，大肆破坏一番。在其他的组织器官中，为了预防胰腺中的消化酶泄漏到体循环中，我们的血液中有专门的蛋白质使这些消化酶难以随心所欲地搞破坏。但糟糕的是，由于神经系统是人体中一般病菌难以进入的"禁区"，因此没有这类蛋白质可以阻挡这些从溶酶体中逃出来的消化酶。最后，大脑组织被自身的消化酶搞得像海绵一样，千疮百孔。所以疯牛病也被称为"海绵性脑病"。

可以说，疯牛病的出现使现代医学再次面临着全新挑战。这是因为朊病毒是人和动物体内蛋白质经过特殊变异的产物，与感冒病毒、艾滋病病毒等普通病毒完全不同，它没有核酸，也不具备病毒的形态，患者体内不会对这种朊病毒产生免疫反应和抗体，因此无法监测。它对所有杀灭病毒的物理化学因素均有抵抗力，现在常用的消毒方法都对它束手无策，只有在136℃高温和2个小时的高压下消毒，才能杀死这种朊病毒。而朊病毒的潜伏期之长更是远远超出了人们的想象。比如，一位从2岁起就喜欢吃牛肉汉堡包的英国女孩，在政府发表报告确认疯牛病会传染人类后几天，因患变异型克雅氏症而离开人间，那时她已经12岁了，是疯牛病的第86位牺牲者。

但是，在人和动物正常的神经细胞中普遍存在的朊蛋白，究竟在什么情况下立体结构发生变异，形成朊病毒的呢，这仍是一个谜。一些科学家认为，病毒和微生物是与人类相伴而生、共同进化，所以随着人类的不断进化，医学技术的日益提高，病毒和微生物也在发生变异和进化。人与疾病的斗争是永无休止的。

但也有一些科学家提出，疯牛病的出现并非仅仅是牛"疯"了，而是人类盲目追求产量的提高而遭到大自然的报复。德国格赖夫斯瓦尔德大学植物、农业生态学和自然保护研究所所长米夏埃尔·苏科教授就曾尖锐地指出，在欧洲蔓延的疯牛病是人们对耕地实行工业化的后果，是自然界对工业化的一种报复。

现在，在以追求同一性、定量化和功能效益为宗旨的技术理性的干预和操纵下，人的征服欲和占有欲越来越强，几乎已经达到了疯狂的地步。万物都处于一种强求和非自然的状态。也就是说，人们眼前的牛、羊等动物已不再是按照自身天性生活着的动物，而成了牧场主计算中的收入。因此，圈养的动物都是按统一的规格饲养的，它们得到的是配给好的饲料，而饲料中各种成分的比例也是用电脑计算出来的。只要能在最短的时间中生产出最多的肉和奶，人们还可以毫不在乎地使用激素和添加剂，甚至大量使用由牛、羊等动物的下水加工而成的混合型饲料。一只小鸡可以以比正常情况快一倍的速度长大出栏的现象更是屡见不鲜。

可以说，"疯牛病"的出现其实是一个大自然对人类的严重的警告。只要人们继续像对待机器一样地对待生物，疯狂地追求商业利益，也许还会面临同样的难题的。

 # 为什么动物有尾巴

这没有一个系统的答案。不同的动物，尾巴对它们来说有不同的用途。袋鼠在跳跃和休息时用它们的大尾巴来维持平衡，尾巴就如"三脚架"一样担当了它们的第三条腿。猴子用它们的尾巴吊在树上，就好像把尾巴当成了另一条手臂。

啮齿类动物也有帮助它们保持平衡的长尾巴，而松鼠还可以把它的尾巴当成掩蔽物。海马的尾巴是它们仅有的"肢"，海马通过让尾巴围绕着躯干旋转，来使自己在水里保持平衡。

鸟的尾巴有双重作用，即在飞翔时起到平衡和控制这两个作用。而有些种类的雄鸟把它们的尾巴当做展示品来吸引雌性——孔雀的尾巴就是一个极好的例子。

水中的动物用它们的尾巴来帮助自己在水中向前推进，蝌蚪也是如此，而当它们长大后失去尾巴成为青蛙或蛤蟆时，就会采用更多陆生的生活方式。

牛的尾巴帮助它们驱赶苍蝇和清除残留的排泄物，而马的尾巴也起到同样的作用。所以看起来这些动物的尾巴是为了保证动物的舒服和整洁。

尾巴也能用于传递信息：当兔子被惊吓而开始猛跑时，它通过上下来回地晃动其白色的尾巴来警告其它兔子有潜在的危险。

像猫和狗这样的家养动物，尾巴的状况会告诉主人它的感觉。狗摇尾巴表示高兴，而当猫变得特别亲热（或找食物）时会竖着它们的尾巴并发出咕噜咕噜的声音来引起注意。

狗的嗅觉比人类好吗

狗的鼻子中所拥有的嗅觉细胞数量是人类鼻子的4倍。一个人的鼻子大约有500万个嗅觉细胞，而有些狗鼻子的嗅觉细胞已经超过了2亿。狗的鼻子就像独特的气味探测器：它们大而且湿润，可以帮助收集和溶解气味颗粒。当狗闻到一种气味时，它就开始分泌唾液，这也是发现气味过程的一部分，因为湿润的舌头有助于获得更多的气味颗粒。

△ 正因为狗的嗅觉非常灵敏，所以，常常用警犬协助人类办案

动物世界的"真假猴王"之谜

对于《西游记》中那个一直护送唐僧到西天取经、疾恶如仇并有着七十二般武艺的"美猴王"孙悟空，大家一定不陌生。由于他的武功高强，许多想吃"唐僧肉"的妖魔鬼怪都奈何不得。于是，他们常常趁孙悟空离开的时候，装扮成孙悟空，来骗取唐僧的信任。对于这些"冒牌"的假猴王，唐僧还真假难辨，屡次相信而上当，若不是"真猴王"及时赶回来，唐僧险些就被这些"假猴王"吃掉了。

在动物王国中，竟也有这样一些"真假猴王"哩！

在非洲森林中生活着一种桦斑蝶，它身体的颜色呈鲜艳亮丽的橙色，并且杂有明显的黑白斑点。由于体内含有一种心脏毒素，其它动物吃后就会中毒，引起严重呕吐等。所以，当这种桦斑蝶在空中自由自在地飞舞时，许多鸟儿都不敢对它"轻举妄动"。

有趣的是，一些蝴蝶因为没有毒而经常被鸟捕食。之后，"看到"桦斑蝶安然无事，它们便来个"狐假虎威"，"让"自己长得和桦斑蝶十分相似，变成"真猴王"的模样，似乎在告诉那些鸟儿"我也有毒，不能吃"。它们这一招有时还真灵，鸟儿以为它们真的有毒哩，自然不敢捕食。

动物的这种巧妙伪装称为拟态。由于这是一种本身无毒而可食的动物模仿另一种有毒不可食的动物的结果，又叫做贝茨氏拟态。

还有这样一些动物，它们自己本身就有一定的毒性，或者臭不可食，但为了更明显地让天敌了解它，还要模仿那些具有警戒色的动物，以求更上一层楼。也就是说，这种拟态是在两种都是有警戒色的动物之间进行的，模仿者和被模仿者都不可食，这叫做缪勒氏拟态。例如，有一种昆虫，它的腿关节地方能分泌出一种臭液来，对大多数鸟类来说是不可食的，但它却不满

△ 桦斑蝶

足于此，还模仿那些色彩耀眼不可食的斑蝶，身上也点缀着黑色的斑点和花纹，十分醒目。这就更能逃避天敌的捕食。

在自然界里，不同类群的动物，虽然它们之间的亲缘关系隔得很远，而且各自具有不同的器官，但由于它们都生活在极为相似的环境条件中，因而就会出现一些相似的性状来。例如，鱼类和哺乳动物中的鲸类，它们在很多方面相差甚远，属于分类学上不同的纲，但由于都适应于水生生活，因而具有相似的游泳器官，如身体都像鱼，即流线型身体和有鳍形的附肢。这是动物在进化过程中的一种趋同现象，又称为进化的趋同律。这类"真假猴王"现象还真让人难以辨别，如果你稍不留心，你还以为这些鲸鱼是鱼类呢！类似这样的例子还有很多，比如会飞的蝙蝠不是鸟类，而是哺乳类动物等。

所以，我们在观察自然界的各种动物时，一定不要被它们的种种表面现象和巧妙的伪装所迷惑，这样才能真正了解这些动物，才有可能去揭开它们的生命活动规律。

南极是地球上公认的气候最恶劣的地方之一。不足5厘米的年降水量、平均零下30℃的夏季温度、时速400公里的狂风，使这里成为一个冷冰冰的不毛之地。但在这片神秘的土地上，却生活着高傲的"南极绅士"——企鹅。它们步态蹒跚、憨态可掬，千万年来一直在冰天雪地的环境里繁衍生息。

企鹅是南极最主要动物种群之一，占南极鸟类生物量90％以上。根据科学家的考察，目前已发现南极地区约有1亿多只企鹅。这种动物喜欢群居，当秋冬繁殖季节来临时，它们更是几十万乃至上百万地聚集在一起，黑压压一望无际。在零下50％的气温下，它们凭着身上厚厚的羽毛和丰腴的脂肪，不仅能抵御严寒，而且从容不迫地养儿育女。

企鹅之所以能在如此恶劣的环境中生活游刃有余，这需要凭借一些生存技巧。比如，在温度极低的情况下，它们会挤在一起形成一个"保温圈"。另据一些科学家研究，企鹅之所以像个醉鬼似的步态蹒跚、摇摇摆摆，因为这样走路可以帮助它们将能量消耗降到最低，并把多余的能量储存起来。企鹅记性和方向感很好，不会迷路。科学家在南极地区做过一个实验：在捉到的5只成年企鹅身上做上标记，然后将它们转移到离巢地1900千米的某海峡附近放掉，10个月后，它们都回到了自己原来的筑巢地。

企鹅举止笨拙、温和可爱的样子，现在已经尽人皆知。但是从历史上来看，人类对企鹅的认识和了解比较晚。在古代，关于企鹅几乎没有什么记载。1488年，航海探险的葡萄牙水手在靠近非洲南部好望角一带，第一次发现了企鹅。"企鹅"在英文中称penguin，人们对这个词的来源说法不一。有人认为这个称呼最早出现于1520年。当时麦哲伦率领环球探险队航行到南美

△ 南级企鹅

海岸，队员们发现有一种从没见过的"奇怪的鹅"。它们一动不动时具有一种特别的呆滞表情，与探险队里的同伴皮加非塔呆呆发愣的神态非常相似。寂寞的探险队员们就开玩笑地称这些"奇怪的鹅"为"皮加非塔"（发音近似"penguin"），后来这个名字传播开来。但据另一些语言历史学家解释，penguin一词的意思是"肥胖的鸟"，原是葡萄牙航海家给一种北方大海雀起的名字。这种海鸟的身体有大量脂肪，并与企鹅长得很像。但它们后来灭绝了，渐渐地这个名称就专指企鹅了。在汉语中"企鹅"一词也很传神。"企"原意是指人抬起脚后跟站着眺望，而企鹅站立时的动作和神态也是如此。

企鹅是南极的象征，不过在企鹅家族中，有许多成员并不是生活在白雪皑皑的南极。人们早期描述的企鹅，多数是生活在南温带的种类。到18世纪末期，科学家才定出了6种企鹅的名字；而发现真正生活在南极冰原的企鹅种类，是19世纪和20世纪的事情。例如，人们1844年才给王企鹅定名，响弦角企鹅1953年才被命名。现在世界上所知的企鹅一共有18种，它们分布地区之广，可以说是任何鸟类都无法与之相比的，从南极冰原到福尔克兰兹的绿色牧场；从郁郁葱葱的新西兰海湾到长满仙人掌的加拉帕戈斯群岛，到处都有它们的踪迹。它们在零下25℃的严寒环境中能够生活，对38℃的亚热带地区也能适应，世界上没有任何鸟类能够分布在如此广泛的气温带。也许你不相信，在炎热的赤道还有企鹅家族的成员，它就是加拉帕戈斯企鹅（因生活在赤道附近的加拉帕戈斯群岛上而得名）。

最近的科学研究成果表明，北极也曾有企鹅生活过。科学家在北极地区找到了一种已经灭绝的鸟类的骨骼，这种鸟被称为"大企鹅"。它们主要分布在北欧斯堪的纳维亚半岛、亚洲、北美洲以及北冰洋的一些岛屿上，数量曾经以百万计。然而在距今三四百年前，欧洲掀起一股到北极探险的热潮。随着探险家和移民的到来，"大企鹅"成了人们竞相捕杀的对象，数量急剧下降，直到最后灭绝。

由于企鹅被发现得较晚，它本身又是一种奇特的鸟类，所以很自然就引起人们的极大兴趣。就外表来看，确实很难给企鹅分类。它长着鸟的头和喙，双翼短小成鳍状，"短促"的双腿生于身体最后端，脚趾间有蹼。大多数鸟类骨骼为空心的，但企鹅的骨骼却是实心的，有利于潜水。在陆地上它们行动笨拙，"大腹便便"的步态让人忍俊不禁，但到了水中却身手不凡、行动矫健。它们用鳍状肢划水，游速甚快，每小时可达8～25公里。企鹅也能"模仿"海豚，在高速前进时跃离开水面。实际上企鹅大部分时间生活在水里，只有在繁殖后代和换羽时，才在岸上生活。从这些特征来说，企鹅似乎更像鱼。

为了查找到企鹅祖先的踪迹和分布状况，生物学家们花费了极大的精力。古生物学研究结果表明，早在5000万年前的第三纪，地球上就已经出现了企鹅。而新西兰的一个研究则认为，企鹅距今已有5500万年左右的历史。但是，要了解远古时期企鹅是一件十分困难的事。首先，它们活动留下的遗迹或遗物太少且不容易辨认；其次，企鹅骨骼保存困难，至今尚未发现距今4500年前的企鹅化石。于是，关于企鹅起源只能流于种种猜想。归纳起来意见大致有两种：一种认为，企鹅的祖先本身就不会飞，是由爬行动物直接进化而来的；另一种认为，企鹅是从会飞的鸟进化而来的，后来双翅退化变成了会游泳的动物。这一争论长期以来在科学界相持不下。

众所周知，鸟类在2亿年前由一支古老的爬行动物进化而来。1887年，科学家孟兹比尔首先提出，企鹅的祖先也是由爬行动物直接进化而来，但它独立于其他鸟类单独从爬行类演变而来。企鹅的鳍翅不是退化的翅膀，而是爬行动物在水下应用的前肢，是用来划水的。这就是说，企鹅从未经历过飞翔阶段。有的学者更进一步提出，企鹅可能来源于一种已经灭绝的北大西洋海鸦。近年来，科学家们在美洲沿岸发现了距今3000万年的海鸦骨骼化石，研究表明它们与企鹅确有许多相似之处，尤其是在适应水面游泳与潜水方面有着类似。如果两者确实在起源进化方面有密切关系的话，那么孟兹比尔的观点可能是正确的。但是，由于发现的海鸦和企鹅的化石几乎是在一个时代，就此难以判断它们之间的亲缘关系。

尽管孟兹比尔的观点在一定程度上是有道理的，但科学上仍然倾向于将企鹅归于鸟类。动物学家在积累了大量的资料后证明，企鹅的祖先是会飞的。目前企鹅的身体结构上，有着其会飞翔的祖先留下的烙印。首先，科学家们指出，企鹅鳍翅的结构与鸟类相似。它的双翼是一个变成桨状的飞翼，其腕和掌骨形成"腕—掌联合结构"，这种结构适合于飞羽—翈羽附着，而翈羽正是飞翔所必需的结构。虽然企鹅的翈羽早就消失了，但支撑翈羽的结构依然存在。企鹅胸骨的许多特征也和飞翔鸟相似，比如有明显的龙骨突起，这正是飞翔肌肉所附着的地方。

其次，企鹅存在尾踪骨，这是所有鸟类在进化过程中的产物。鸟类原本从其祖先（蜥蜴型爬行动物）那里，继承了一个由多节脊椎骨组成的鞭状长尾；但在流体动力和运动的影响下，尾骨逐渐缩短愈合成一块小的骨节（尾踪骨），用以支持呈扇形排列的尾羽。这是鸟类对飞翔运动适应的结果，从最早的始祖鸟到所有现代鸟类都有。可见企鹅的尾踪骨，是其会飞翔祖先的遗物。

再次，翅膀发达的飞翔鸟类都是以喙插在翅下睡觉的，而企鹅正是以这种姿势睡眠，说明它和飞翔鸟之间有某种关系。此外，飞翔鸟在飞行中需要迅速调节肌肉活动及协调身体各部的动作，所以小脑发达；而企鹅也有复杂发达的小脑，这也被看做其是会飞动物祖先的一个遗迹。

如果企鹅属于鸟类的一支，是由会飞的鸟类进化而来的，那么这种进化过程究竟怎样，它为什么会发生这么大的转变，南极企鹅又是怎么来到南极的？目前，这些问题也只能以种种猜想来作解释。

据科学家现在推断，大约2亿年前，南美洲、非洲、澳洲和南极洲曾经是一个有着热带风光的"超级大陆"。但在经历了1亿多年漫长的岁月后，由于大陆板块运动，南极从超级大陆分离开来。不过直到3000万年前，它依然是个气候温和、草木丰茂的大陆。到了2800万年前，由于地球自转轴的倾斜，南极在冬季时几个月看不到太阳。即使在夏季，阳光也几乎都被白雪反射掉了，积雪很难融化。南极冰盖逐渐形成，使绝大多数动植物相继灭绝。但也有一批鸟类存活了下来。它们逐渐适应陆地多变的环境，翅膀演化成了鳍脚，身体变成仿锥形，骨骼成为实心而有利于潜水等，这就是企鹅。其实，鸟类中有多种生态类型，涉禽如丹顶鹤、游禽如绿头鸭、陆禽如斑鸠、猛禽如猫头鹰、攀禽如杜鹃、鸣禽如喜鹊等，而鸵鸟则是走禽的代表。它们都是在不同的生活环境下不断进化的结果。

总之，由于缺乏足够的骨骼化石证据，关于企鹅的起源和演变还处于猜测阶段。但可以肯定的是，企鹅的生存与演变与气候环境条件密切相关。2001年，中国科技大学极地研究小组的科学家们，认真研究了从南极菲尔德斯半岛阿德雷岛采回的67.5厘米长的湖泥样本。他们第一次反演推论出：在过去3000年中，南极企鹅种群数量发生过4次较大的波动，其中在距今2300～1800年间企鹅数量锐减，但在距今1800～1400年间，企鹅数量达到过一个高峰期。这表明，在没有人类干预的情况下，南极气候变化也会导致企鹅数量发生剧烈波动。因而，研究企鹅的演变，实际上对研究过去南极及全球气候变化，特别是近1万年来气候变化，有着极其重要的意义。

为什么光棒鱼通常只见雌鱼不见雄鱼

在茫茫的海洋中，有一种叫光棒鱼的深水鱼类，生活在海水中间水层的黑暗环境中。虽然很少见到光线，不过它们的生活中没有大风大浪，很稳定而闲散。

在相当长的一段时间里，人们从不知道这种鱼的雄鱼生活在什么地方，因为人们每次捕到的都是雌鱼。直到1932年，人们在冰岛附近再捕到一条雌鱼时，才有人惊奇地发现在雌鱼身体的一侧，竟然有一条大小仅为雌鱼1/10的雄鱼，它紧紧地依贴在雌鱼身体上。不久，人们又陆续发现了相同的现象，即每次雄鱼都是用嘴紧

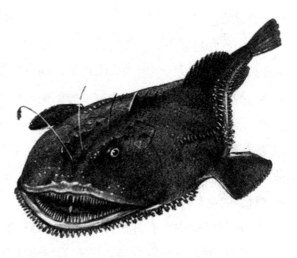

△ 雌雄同体的光棒鱼

紧地咬住雌鱼，它们的嘴和舌已经与雌鱼的皮肤连接在一起，根本无法分开了。雄鱼除了生殖器官，其余的器官都退化了。经过研究，人们发现雄鱼是靠雌鱼身上的血液来维持生命的，并把这种现象称为种内异性寄生。

光棒鱼的这种内异性寄生现象是比较少见的。在这种情况下，雄鱼成了特化的交配器官，也就是说它的任务只是为了完成与雌鱼的交配，以繁殖后代。雄鱼为什么不能独立生活而只能尴尬地靠雌鱼来养活命？这一问题一直困扰了人们很长一段时期。

后来，人们发现这是这种动物对生活在深海的一种适应。因为它们行动迟缓，在黑暗的深海中要找到配偶是相当困难的，而找不到配偶，便意味着不能繁殖后代，种族也就无法得到延续。而雄鱼和雌鱼长在一起则有利于种族的繁衍。虽然雄鱼寄生在雌鱼身上，对雌鱼是不利的，但从种群这一整体出发，则可以说利多弊少。因为，种群是种存在的基本单位。"皮之不存，毛将焉附？"讲的就是这个道理。

我们知道，种群是一定空间中同种个体的组合。组成种的个体会随时间而不断死亡和消失，但若种群别的个体能产生新的个体来替代和补充那些消失了的个体，则种群便得以延续。换句话说，我们人类每天都有一些个体死亡，但同时也有新的个体诞生，因而我们整个人类总是充满生机和活力的。

从中我们可以得到这样的启示：在动物界中，对于动物之间的关系我们不能只以个体之间的利害关系去理解，而应当考虑这种关系对种群的繁荣和生存上的意义。例如，在一个狼与兔的捕食行为中，我们看到的是，狼总是有利，而兔总是受害。从二者之间的利害关系来说，的确如此。但实际上，若没有狼，兔是不是更加有利呢？我们说未必。因为狼实际上在调节着兔的种群。一旦这种调节失控，兔将大规模繁殖而达到"爆发"，最终将会不利于其种群的生存。同样狼如果把兔都吃掉，显然也不利狼的种群的繁衍。

在动物科学中，有许多分支学科，这些学科实际都是从不同层次来观察动物的。例如，胚胎学主要研究与动物胚胎有关的，细胞学是以动物细胞为研究对象的等。因而，每一门学科都是对动物科学的不断补充和完善。然而，我们如果只是片面地从某个单一学科或层次去理解动物甚至作出不恰当的推论，则往往会犯"只见树木，不见森林"的错误，也不可能很好地认识自然界中的动物。从不同的层次来分析和理解自然界的动物是必要的，也是非常重要的。显然，我们不能单单用某一种理论和证据来分析和解释某一问题，比如恐龙的绝灭原因。

人兽混血之谜

  提起人兽混血，一般人都会想到人和动物杂交，生出来一种半人半兽的怪物。在古埃及神话中，诡异的斯芬克斯就是人面狮身的怪兽。古希腊神话中凶残暴虐、无恶不作的怪物赫迈拉也是人兽混血的。清朝的《格致镜原》里也记载了一种诡异狡猾的"人蛇"："遇人辄嬉笑，笑已即转噬。"可见古人对"人兽混血"的怪物充满了畏惧和困惑。那么世界上到底有没有这种人兽混血的怪物呢？

  潘多拉魔盒里的谜团：

  一群考古学家在澳洲的岩石上发现了石器时代的"写生"，上面画着奇形怪状的生物，人的上身、动物的下半身，凶猛残忍，能够快速地奔跑狩猎。人们提出大胆的假设，地球上曾经存在过半兽人，它们就是已经灭绝的人类祖先！不过，这种说法很快因为缺乏理论依据而被否定。

  据说，苏联政府曾经梦想打造出真实的"人猿混血战士"，他们希望研制出一种没有人的思维，不知道疼痛疲倦而且力大无穷的人猿混血儿，要把它们训练成虽然能呼吸但是对食物没有过高要求的

△ 古希腊神话中的半人马兽

战争机器。负责执行计划的是"人工授精"之父——科学家伊亚·伊万诺维奇·伊万诺夫。

伊万诺夫此前成功做过不少动物杂交实验，他接到打造"人猿战士"的指令后，便立即开始实验。可是，由于无法在当地找到实验志愿者，他只得秘密前往非洲，开始对母猩猩进行人工授精，即把人类的精子放入母猩猩的子宫，后来又用黑猩猩的精子对人类女性实行人工授精。不过，这两个实验都失败了。

正当伊万诺夫准备进行下一步实验的时候，美国一家报纸报道了他的实验，于是当地居民拒绝再和他合作。伊万诺夫只得灰溜溜地回国，因为这个"昂贵"的失败，他遭到了监禁流放的处罚。1932年，这位"人兽混血"的先驱因病去世。十几年后，一群建筑工人在格鲁吉亚黑海城市苏曲米的工地上，挖出了当年人猿混血研究实验室的遗迹和一些猿猴骨架。有人传说，俄罗斯屡屡出现的女野人，就是当年从伊万诺夫实验室里逃出来的产物。还有人认为，艾滋病就祸起于此。

最著名的人兽混血活标本据说是中国神农架"人猿杂交"的猴娃，当地相传，猴娃的母亲当年曾被"野人"抓走，很长时间后才逃回来。后来，猴娃的母亲生下了猴娃。猴娃的个头高于普通人，关节屈曲，不会说话，行为举止很像大猩猩，尤其是其锁骨成"一"字形，而正常人的锁骨大多是"V"字形，这正是大猩猩和人类的骨骼有所区别的典型特征。那么，猴娃会不会是人兽混血的奇异物种？

后来，科学家们通过对猴娃的骨骼进行检测，证实猴娃并不是"人兽混血"，他只是一个小脑症的患者，脑容量小，所以智力低下，不同于常人。不过，对于猴娃身上存在的锁骨之类的细节问题，科学家们还是无法解释，所以，猴娃身上的谜团至今还没有完全揭开。

伦理大战：

大量的科学研究分析表明，要想实现人兽混血的成功必须达到两个物种有很近的亲缘关系这一条件，但是这种亲缘关系很奇妙，至今还没有找到符合这种条件的兽类。虽然人和黑猩猩基因的功能区域差异只有0.75%，并且这种差异几乎可以忽略不计，但是人和黑猩猩自然杂交，不可能生出真正的"人猿"。由此，人们似乎可以得出一个结论——在自然界，几乎没有存在真正的人兽混血的可能！

人兽混血不可能存在似乎尘埃落定，但是随着科学的进一步发展，一些"野心勃勃"的科学家开始打造新的物种，他们希望制造出真的人兽混血。他们为什么要这样做呢？为了揭示人类生物学深层次的秘密，为了让人兽混血生物代替

△ 狮身人面的斯芬克斯

人类从事危险的工作，为了把它们当成器官加工厂等，这些理由看起来有一定的道理，但是真的能达到预期的效果吗？

"人兽混血"实验的进行，引发了从未有过的伦理大战。有人惊恐地抵制，他们认为人类的欲望无限制地膨胀，甚至逾越了上帝的权力，制造出人兽混血将给世界带来毁灭性的灾难，伦理道德秩序会在瞬间轰然倒塌。也有人认为，人兽混血产生可怕的怪物只是科幻电影里的场景，人和黑猩猩杂交都没有成功的可能，更别说和其他的动物。科学家研究人兽混血只是被"妖魔化"的正常科学试验，目前的科学水平只停留在人类的一些器官能够存活于动物体内的阶段，还远远达不到"妖兽"的地步，而且这种实验具有巨大的科学价值和医学价值。这两种立场的尖锐对立，让人们对人兽混血产生了巨大的恐慌和好奇。

"人兽狂想曲"：

在伊万诺夫之前就有一个科学家勇敢地宣称："如能授我以权，可以随心所欲繁殖男女，我想在5年内一定能造出新人种。""产出一种女人，额上生出紫色羽毛，长可垂地；或一种男人，耳上添出光亮的巨鳞。""我亦可

产生毛发蓬松的强健巨人，或浑身光滑无毛的侏儒。"这可以说是人兽混血最原始的研究。当然，这位很有想象力也有点可爱的科学家的研究并没有成功，因为当时的科学技术水平根本达不到人兽混血的要求。

二战结束后，有的科学家又开始了"人兽狂想曲"。他们对动物和人类的精子和卵子进行人工授精，想要得到"人兽宝宝"。据说，一个实验室将人类的精子人工授精在一个母猩猩子宫内，母猩猩成功受孕，但是由于伦理道德的巨大压力，这项实验终究没有进行下去。

随着科学和社会的进步，人们越来越理智，开始重新审视人兽混血，大多数科学家避开了狂热的造物盲区，开始研究对人类有益的人兽混血。

2007年，美国某大学的一名教授和他的团队历经7年的研究，成功培育出一只含有15%人体细胞的绵羊。科研人员提取人的干细胞注入到胎羊的腹膜中，羊羔降世两个月后，就会神奇地长出含有人体细胞的器官，可以用于器官移植的研究。这是世界上第一例人兽混血儿，人们惊奇地发现，这只人羊混血儿和普通的绵羊没有什么两样。可在它出生前，人们一直在猜测它会是什么样的怪物呢？

如此看来，人兽混血的实验似乎并没有那么可怕，它甚至还可以为人体器官移植提供供体。但是也有人指出，这种人兽混血并非万能，它可能把对动物无害而对人体有害的病毒引入到人体，就像艾滋病一样，引起巨大的"生物梦魇"。除此之外，还有一些更有趣更匪夷所思的人兽混血在科学家的实验室里产生。但是，不管这种实验如何进行，从目前来看，人兽混血只是现代科学的一种"细胞嵌合体"技术，动物只是承担了人造器官的载体，并不会拥有和人一样发达的思维。

当然，人们一定要用人伦道德牢牢地守住人兽混血的最后一道防线，不要让这项技术被无节制地恶意应用，否则，这个世界有可能会真的出现传说中的妖兽。

鸟类为什么能准确迁徙

鸟类为什么会按照一定路线准确无误地来回迁徙，特别是生活回北冰洋地区的鸟类，绝大多数属迁徙性的候鸟。虽然生物学家已经做了大量科学研究，但却仍然未能揭开其中的奥秘。直到目前为止，鸟类学家所提出的解释有以下几种：

第一种说法：鸟类的迁徙性与冰川运动有关。因为在新生代第四纪曾发生过数次冰川运动，自北半球向南侵蚀，冰川来临，气候变冷。鸟类出于生计，被迫南迁，等冰川退化后再北归。由于冰川周期性的侵蚀和退却，候鸟类极易形成与之相适应的定期性往返的迁徙生物遗传本能，于是便世代相传，形成习性。

第二种说法：鸟类的迁徙是由于生活条件的改变而引起的。南迁越冬，是因为北方冬日食物减少；夏日北迁，是由于北方高纬度地区日照时间长，对于寻食、育雏有许多好处。现代生物理论研究表明，鸟类生理的变化，对迁徙有一定的刺激作用。在日照时间长的条件下，能刺激脑下部的睡眠中枢，引起鸟类处于兴奋状态，夜晚不安，活动加强，取食率增加，容易积累脂肪，保证了鸟类迁徙时所需要的物质储备，同时提高了对外界刺激的敏感性，容易引起迁徙。

第三种说法：候鸟的迁徙是由内在因素（如遗传性）和外在因素（如光照、食物等）所引起的综合性结果。内因是迁徙的根据，外因是迁徙的条件，外因是通过内因而起作用的。当然，鸟类的迁徙不是一种被动的逃避行为，而是一种主动的、看上去像是一种有计划的周密的旅行。它们有准确的时间、路线和明白无误的目的地。

至今，鸟类为什么能准确迁徙仍是生物学界一个悬而未解的谜题。

昏睡 38 年的"植物人"神奇复活之谜

　　我们常常听说"植物人"复活的事情，最令人惊奇的"植物人"复活发生在前苏联南方城市——基斯洛沃茨克郊区，一位昏睡了38年的"植物人"奇迹般苏醒，21天后又突然死去。这件事引起前苏联医学界极大的关注。

　　这位"植物人"名叫尼娜·帕诺娜·里贝诺娃。1953年，她刚满24岁，当听到斯大林逝世的噩耗时失声痛哭，晚上便昏死过去，此后便一直昏迷不醒，成了"植物人"。在医院住了4年之后，她母亲把她接回家中照料。在她昏迷的38年中，外貌仍保持着年轻时的模样。今年元旦，她85岁高龄的母亲去世，遗体就放在她躺卧的床边供亲友凭吊。就在这时，奇迹发生了，只见尼娜翻了个身，接着又见她泪水夺眶而出，最后她竟然站了起来，与亲友们一起为母亲送葬。尼娜苏醒后，恢复了正常人的生活。她接受记者采访，与人聊天，对38年前的往事记忆犹新。她说，那些事就像昨天刚发生一样。在尼娜苏醒12天后，又一件奇事发生了，她由一位姑娘突然变成了一个老态龙钟、满脸皱纹的老太婆。到了她苏醒后的第21天，尼娜又突然逝世，留下一个难解之谜。

　　现代医学研究证明，人在低温状态下，可以完好无损地保存机体组织。据说，法国里昂一些外科医生利用最新的外科技术，使一个冰冻冷藏了30年的女士"尸体"复生。海伦·查帕露尔在26岁时，医生发现她的心脏出现病变，但当时的外科手术水平无法进行有效的医治，于是医生决定将她做深度冷藏，以待将来外科手术水平提高后再将她解冻复苏。海伦先被置放在一条铺满干冰的管道里，用一个人工辅助呼吸器使她维持呼吸，直至最后一秒钟。当她的体温降到接近零度时，她的血液被抽去，静脉灌进甘油和水性溶液。然后她的身体被裹上箔片，放进一个棺材形状的圆柱体内，里面贮着液体氨，温度低至华氏零下320度。处理妥当后，海伦的冻僵身体就被移到医院的一个冷藏室去。30年后，医生认为现时先进的外科手术可以治疗海伦的心脏病，于是决定施行手术使她复生。医生先把从海伦身上抽出的冰冻血温热，然后输进她的冰冻身体内，并利用电震器刺激她的心脏和脑部。过了一段时间，医生探测到她的心脏有轻微的跳动，不禁喜出望外，连忙为她施行心脏修补手术。两日后，她苏醒过来，睁开眼睛看到老了30岁的父母，而她仍然像过去那样美丽。

无独有偶，大自然天然的低温环境也可以造就"冰冻"人。据说，1986年有一支登山队攀上了阿尔卑斯山，当他们经过一条冰河时，发现在冰层中躺着一具尸体。这尸体身穿法国士兵服装，神态如生，就像一个活人睡熟了一样，大伙禁不住惊奇地叫嚷起来。队长阿比尼觉得这尸体很奇怪，立即派人报告了当地博物馆。博物馆立即组织人力，带着设备，来到冰河，小心翼翼地将尸体周围的冰切割下来。由于尸体太新鲜了，他们也不敢放在博物馆，直接把他送到了马赛城的医学研究所。所长史威博士不敢怠慢，立即成立医疗小组，并拟定了严密的解冻程序。经过医生们细致、慎重的解冻之后，过了几天，奇迹出现了：那尸体的身躯竟微微抖动起来。接着，他的眼睛、脸部也蠕动起来，不多久，他睁开眼睛，惊奇地看着四周。医生们强压着激动心情，立即给他做动脉注射。不一会儿，他的喉咙发出了"咕咕"的声音。医生们忙把他扶着坐起来，他说出了第一句话："我，我在哪里？"在医生的悉心照料下，他说话、行动开始正常了，并说出了他的身世。他叫菲力普，是法国步兵团的士兵，在第一次世界大战(1914～1918年)期间，战斗在意大利、法国的高山地带，那时他才22岁。在一次急行军中，他掉队了，不慎陷入厚雪堆里，很快就被冰层覆盖了。大家一算时间，他竟在冰层里睡了69年，他的实际年龄已超过了90岁了。可是，他的体重、行动、面貌仍是个22岁的青年。经过核查，菲力普的妻子、儿子已经相继过世。目前他的孙子孙女已经四五十岁，他的曾孙也已结婚生子，而他比曾孙还年轻，这种亲人关系令他啼笑皆非。

海龟为什么要回乡产卵

动物学家通过研究海龟，发现这种动物有一个奇怪的特性，它们往往一开始学会游泳就出海离开出生地，游向遥远的地方，但无论出海多远，总要千里迢迢回到故乡产卵，产后又背井离乡远游。

△ 大批海龟回乡产卵

科学工作者曾经观察到哥斯达黎加海滨成千上万只海龟登岸筑巢集体产卵的宏大场面。生物如何定位及返乡，是科学界一大研究方向，海龟凭借什么能远航千里回到故乡？

对此，专家们做出了许多种猜想，主要归纳为以下几种：

第一种说法认为：海龟有自己的"罗盘"，这使它们有着神奇的定位能力。

第二种说法认为：海龟有惊人的记忆力，它们不仅能记住自己不断前进的路线，而且当它们来到这个世界时，会将出生地深印在脑海的第一印象中。

第三种说法认为：海龟有非常敏锐的嗅觉，能根据气味回到自己的出生地。

以上三种可能的原因都只是假说，至于哪一种是真实的原因目前还没有定论。此外，海龟为什么一定要回故乡产卵呢？这个问题也一直令科学家们费解。

动物是怎么进行自我治疗的

当人生病了，有医院和医生为病人做治疗。家禽病了有兽医。那么，自然界里的野生动物生病受伤了，谁来给它们治疗呢？原来，动物们有给自己治病的本领。有些动物会用野生植物来给自己治病，有些动物还具有自己做手术的能力。

美洲有一种大黑熊，它刚从冬眠中醒来的时候，身体总会觉得不舒服，精神也不好。它就去找点儿有缓泻作用的果实吃。这样一来，便把长期堵在直肠里的硬粪块排泄出去。排出废物后，黑熊的精神就振奋了，体质也恢复了常态，开始了冬眠以后的新生活。

在北美洲南部，有一种野生的吐绶鸡，也叫火鸡。它长着一副稀奇古怪的脸，人们又管它叫"七面鸟"。别看它们的样子怪，但却有着非凡的治病能力，特别是会给自己的孩子治病。当大雨淋湿了小吐绶鸡的时候，它们的父母就会逼着它们吞下一种苦味草药——安息香树叶，来预防感冒。从中医的角度来看，安息香树叶是解热镇痛的，小吐绶鸡吃了它，当然就没事儿啦。

生长在热带森林中的猴子，如果出现了怕冷、战栗的症状，就是得了疟疾，它们就会去啃金鸡纳树的树皮。因为这种树皮中所含的奎宁，是治疗疟疾的良药。

贪吃的野猫到处流浪，它如果吃了有毒的东西，又吐又泻，就会吃藜芦草来解除病痛。这种苦味有毒的草含有生物碱，吃了以后能引起呕吐，将毒物吐出来后，野猫的病也就慢慢地好了。可见，野猫采用的可是"以毒攻毒"的治疗方法。

有美洲，有人捉到了一只长臂猿，发现它的腰上有一个大疙瘩，还以为它长了什么肿瘤呢。仔细一看，才发现长臂猿受了伤，那个大疙瘩，是它自己敷的一堆嚼过的香树叶子。这是印第安人治伤的草药，长臂猿居然知道它的疗效。

有一个探险家在森林里发现，一只野象受伤了，它就在岩石上来回磨蹭，直到伤口盖上一层厚厚的灰土和细砂，像是涂了一层药。大象如果得了肠炎，就会找一些能治肠炎的食物来吃。有些得病的大象找不到治病的野生植物，就吞下几千克的泥灰石。原来这种泥灰石中含氧化镁、钠、硅酸盐等矿物质，有治病的作用。

在乌兹别克，猎人们发现受了伤的野兽总是朝一个山洞跑。有一天，一只受伤的黄羊又朝山洞方向跑去，猎人就跟踪到隐蔽的地方观察，只见那只黄羊跑到峭壁跟前，把受伤的身子紧紧贴在上面。没过多久，这只因流血而十分虚弱的黄羊很快恢复体力并离开了。猎人在峭壁上发现了一种黏稠的液体，当地人叫它"山泪"，野兽就是用它来治疗自己的伤口的。

科学家们对"山泪"进行了研究，发现里面含有30种微量元素。这是一种含多种微量元素的山岩，受到阳光强烈照射而产生出来的物质，可以使伤口愈合，使折断的骨头复原。用它来治疗骨折，比一般的治疗方法快得多。在我国的新疆、西藏等地区，也发现了多处"山泪"的蕴藏地。

温敷是医学上的一种消炎方法，猩猩也知道用它来治病。猩猩得了牙髓炎以后，就把湿泥涂到脸上或嘴里，等消了炎，再把病牙拔掉。

温泉浴是一种物理疗法。有趣的是，熊和獾也会用这种方法治病。美洲熊有个习惯，一到老年，就喜欢跑到含有硫黄的温泉里洗澡，往里面一泡，好像是在治疗它的老年性关节炎；獾妈妈也常把小獾带到温泉中沐浴，一直到把小獾身上的疮治好为止。

野牛如果长了皮肤癣，就长途跋涉跑到一个湖边，在泥浆里泡上一阵，然后爬上岸，把泥浆晾干，洗过几次泥浆浴以后，它的癣就治好了。

更让人惊奇的是，动物自己还会做截肢手术呢。

1961年，日本一家动物园里的一头小雄豹左"胳膊"被一头大豹咬伤，骨头也折了。兽医给它做了骨折部位的复位，上了石膏绷带。没想到，手术后的第二天，小豹就把石膏绷带咬碎，把受伤的"胳膊"从关节的地方咬断了。鲜血马上流了出来，小豹接着又用舌头舔伤口，不一会儿，血就凝固了。截肢以后，伤口渐渐地长好了，小豹给自己做了一次成功的"外科截肢手术"。小豹好像知道，骨折以后伤口会化脓，后果是很危险的。经过自我治疗，就能保存自己的生命。

人们发现，一只山鹬的腿被猎人开枪打断后，它会忍着剧痛走到小河边，用它的尖嘴啄些河泥抹在那只断腿上，再找些柔软的草混在河泥里敷在上面。像外科医生实施"石膏固定法"一样，把断腿固定好以后，山鹬又安然地飞走了。以后，腿自己就会长好的。

武汉动物园里曾有一只东北虎的前腿上长出一个小包，后来越长越大，最后发展到影响站立、行走及卧睡。由于担心麻醉及手术后感染的风险，管理人员一直未对它进行手术切除。一天，饲养员发现那个肉瘤不见了，东北虎正在不停地用舌头舔伤口。原来，它自己已经把那个肉瘤蹭了下来，消除了肉瘤给自己带来的不便。

除此以外，不少动物还能给自己做"复位治疗"。黑熊的肚子被对手抓破了，内脏流出来了，它能把内脏塞进去，然后再躲到一个安静的角落里"疗养"几天，等待伤口愈合。如果青蛙被石块击伤了，内脏从口腔里露了出来，它就始终待在原地不动，慢慢吞进内脏，3天以后身体就能复原。

在浩瀚的海洋世界里，鱼类也有自己的"医生"，它是一种小鱼。它用自己的尖嘴巴为病鱼清除细菌和坏死的肌肉。实际上，"鱼医"是以病鱼身上的寄生虫和坏死组织作为美餐的。病鱼与"鱼医"的关系相当融洽。凡是前来接受治疗的病鱼，就诊时必须听话。头朝下，尾朝上，笔直地悬浮在水中。如果是喉咙生病，那么病鱼就得乖乖地张大嘴巴，让"鱼医"钻进嘴里去，吃掉其坏死组织。一段时间以后，病鱼就彻底康复了。

动物自我医疗的本领引起了科学家很大的兴趣。它们是怎么知道这些治疗方式的呢？科学界现在还没有一个圆满的解释。或许，它们大概是在长期的尝试中摸索出来的经验总结吧。

大雷鸟为什么会变聋

　　大雷鸟是一种警觉性很高的鸟，它能觉察到百米以外的动静。但是当大雷鸟在求偶发情期间唱情歌时，就会失去理智和听觉，变成聋子，因此在俄语中叫聋子鸟。

　　是什么原因使唱情歌的大雷鸟变成聋子呢？动物学家科姆帕雷季在18世纪就曾提到，大雷鸟耳聋是由于它外耳道的独特腺液分泌太多的缘故。自此以后，又有一种流传最广的说法，这些人认为大雷鸟的耳道里有一种特殊的突起或褶皱，由血管向这里源源不断地供应丰富的养料。在求偶发情期，大雷鸟的这个部位会由于大量充血而肿胀，以至当大雷鸟张嘴唱歌时，引起某一块头盖骨压迫该部位，从而完全堵住耳道，使其失去听觉。还有人认为，是大雷鸟在放开喉咙高唱时的强烈共鸣，导致了这种鸟的自我震聋。

　　著名的德国动物学家施瓦茨科普夫发现，当鸟类因唱歌张开嘴巴时，它们鼓膜的张力就减弱，以致引起听力丧失。这个发现证明不仅仅是大雷鸟，其他任何鸟类在引吭高歌时都会出现听力减退或丧失的现象。

　　如果施瓦茨科普夫的观点正确的话，那么这也只是大雷鸟耳聋的第一个原因。第二个原因则可能是由于大雷鸟发情唱歌时神经高度兴奋。

　　大雷鸟发情歌唱时，只是失去听觉，而不会失明。当一只正在唱情歌的大雷鸟突然看到某个猎人，或受到手电筒照射时，它会立刻飞走。奇怪的是大雷鸟在逃命的瞬间不能立即停止歌唱，要过一会儿才能停下来，这是因为它要抑制脑区的强兴奋还需要一段时间。

　　导致大雷鸟唱情歌时丧失理智和听觉的原因还有很多，但没有一个能够让人信服，其真正的原因至今还是一个谜。

海洋巨蟒是什么动物

　　1817年8月，所罗门·阿连船长在美国马塞诸塞州格洛斯特港的海面上亲眼看到了"海巨蟒"。他回忆说："当时有个怪物，很像一条巨蟒，在离港口130米的地方游来游去。这个怪兽长40米，身体粗得像半个啤酒桶，整个身子呈暗褐色。它的头像响尾蛇，和马头大小差不多。它在水面上缓慢地游动着，一会儿绕着圈游，一会儿又直着身子游。忽然，巨蟒竖直钻进海底不见了，过了一会儿又从180米远的海面上出现。"

　　同船的玛休·伽夫涅、达尼埃尔·伽夫涅兄弟俩和奥嘎斯金·维巴3人同乘一艘小艇去垂钓时，也看到了巨蟒。玛休还在离巨蟒20米开外的地方用步枪朝它开了几枪。他讲述当时的情形时说："我离它有20米远。我端起枪，瞄准怪物的头部，扣响了扳机，凭我的枪法，肯定能打中。在我开枪的同时，怪物朝我们这边游了过来，一靠近，就潜下水去钻过水艇，在30米远的地方重又出现了，怪物沉下时，不像鱼类那样往下游，而像一块岩石一样沉下去，笔直笔直地往下沉。我的枪可以发射重量子弹，当时清楚地感到射中了目标。可是，'海洋巨蟒'却好像丝毫未受伤。"

　　一百多年来类似的报告一直不断地出现。究竟这种怪物是何类动物，还是一个谜。它会不会像空棘鱼一样，有朝一日重被人们发现呢？

　　一百多年以来，人们不断地遇到"海洋巨蟒"，但没有一人能捕获到它，这种怪物究竟是何物，至今还无人知晓。

动物智力不逊于人吗

人类太过于傲慢自大了，我们总是认为自己是进化得最好的动物，总是以居高临下的态度对待所有其他动物。人类以自己会讲话和大脑有灰质而感到自豪，为自己的智力成绩和语言而沾沾自喜、夸耀自己，把其他的哺乳动物视为蠢物。

19世纪末，有人对毛虫做了足以说明它是多么愚蠢的试验：把毛虫放入一根试管里，试管的一头被封闭，把试管放在太阳下暴晒。毛虫本可以转身从开口的一端逃走，以免阳光灼伤自己的毛皮。然而，毛虫却没有这样做，而是听任烈日暴晒。人们嘲笑这个小虫子的愚蠢。实际上，试验者是误会了毛虫，没有注意到这样一点：试管内空间太小，毛虫根本无法转身。

现在，科学家们都承认自己对动物有误会。不但如此，他们还十分欣赏一些毛虫的行为方式，认为毛虫能互相传递信息。毛虫在啃食了第一片叶子以后便寻找另一片叶子，在另一片叶子上固定下来，然后继续啃食，一直到开始做茧。在变成蛹以前，毛虫会在叶子上用丝编织自己的窝巢（茧），以躲避风雨，避开捕食者的视线。在这个残酷的"世界"里，往往会有一些"懒惰者"试图钻进和霸占毛虫的茧。为了避免这种情况发生，毛虫便在茧内用足敲击茧，使茧振动，从而阻吓入侵者。加拿大卡尔顿大学负责这一研究工作的杰恩·亚克说："我们以前一直认为毛虫只知道吃，现在我们才知道，它们之间存在着十分复杂的相互作用关系。"

虫子是如此，节肢动物和脊椎动物更是如此。人们大大低估了它们应对新形势的能力。曾经发生过这样的事：1920年在英国的一个晴朗的早晨，一只山雀竟用嘴开启了放在一户人家门口的一瓶牛奶的瓶盖。几周以后，那里所有的节肢动物都学会并采用了这只山雀的开瓶技术，并把这种技术代代相传下来。乌鸦能制造和使用抓捕食物的工具，水獭能开启啤酒瓶的瓶盖，章鱼能借助自己的5亿个神经元和多条手臂从广口瓶里取出蟹，海豚能模仿潜水员并发出咕噜声（就像从潜水服里冒出气泡的声音）。所有这一切表明，长期以来一直遭到蔑视的这些动物也能表示态度、学习技能、发明创造和撒谎！

动物行为学家鲍里斯·西鲁尔尼克指出："人性化的动物显然比野生动物聪明得多。"但法国专家蒂埃里·奥班反对这种观点。他认为：自然环境对动物来说是最好的学校。在野生动物世界里，懒惰者是没有成功机会的。年幼者必须不断地学习，否则就无法生存下去。在实验室里对啮齿目动物进行的试验证明，环境在动物智力的发展中起着重要作用。蒂埃里·奥班说："我认为驯化会使动物变蠢。狼要比狗狡猾得多。"

人会说话，但动物也不会沉默。生物学家们试图解释各种动物通过触觉、鼓膜甚至爪子发出的声音信号。南锡亨利·普安卡雷大学的贝特朗·克拉夫特甚至截获了蜘蛛在蜘蛛网上向性伙伴发出的信号：雌蜘蛛通过敲击蜘蛛网发出有规律的求爱声波，雄蜘蛛则用相应的信号回答雌蜘蛛，彼此就像人们打电话一样。蜘蛛之间的爱情语言是由基因决定的还是由环境决定的呢？很可能两者都有。

森林深处和海洋深处的动物的行动和感觉都是有"编码"的。它们唱歌或鸡叫都是在传递具有含义的信息：告诉对方"此地有食物"；把贮藏物的数量和质量告诉对方；发出捕食者已来临的警报；要求救援；明确指出要求照顾的紧急程度；宣告"领地"的范围……有些动物需要接受高水平的教育才能具有相应的能力。哺乳动物是在敌对的环境中接受教育的。海狮须接受了严格的教育：急于去捕食的海狮妈妈将特有的声音输入小海狮的头中，以便捕食归来时小海狮能认得它。每次喂奶以前，海狮妈妈都要用尖厉的声音信号来刺激小海狮的耳朵。如果小海狮拒绝接受这些教育，小海狮就只有死路一条。当小海狮不再犯错误时，海狮妈妈就躲到别处去，让小海狮独立求生。

寒冷的海岸是企鹅活动的基地，那里往往聚集着上百万只企鹅，它们聚集在一起"大吵大闹"。在这片嘈杂声中，为了让其他的企鹅听到自己的声音，"企鹅王"便唱歌，于是嘈杂声暂时停止。企鹅在岸上一般要待上两三个星期，然后回到海中。在返回海中的途中，"企鹅王"也是唱着歌给自己开路。

猩猩小时候会得到妈妈的疼爱。猩妈妈会细心地教小猩猩如何应付困难，教它在成年以后如何照顾后代，但黑猩猩则是在群体中学会生存。它们的许多被认为是属于天性的能力其实是后天学得的。

学习、倾听、回答，以适应自己所处的"社会环境"，这已经是智慧的一种表现。撒谎则是智慧的另一种表现，而且是更具有说服力的表现。黑猩猩在必要的时候会假装激动，像是在急促呼吸，以掩饰自己内心的不安。雌猴在与一只不是统治者的公猴交配时会克制自己的快感表现。另外，在发现了水果时它会假装没有看见，等其他的猴子走开以后，它再返回独自饱餐一顿。

在森林里，动物之间的联盟和政治游戏是存在的。不正当的暴力活动会受到严格禁止，乱伦也是一种禁忌。下台的"暴君"会为自己在位时的过火行为付出巨大代价，而"贤明"的统治者即使失去了权力也会继续受到尊重。

我们人类有自我意识，动物似乎也有自我意识。在困难面前，这种自我意识就会表现出来。越来越多的"技术学习"、工具的使用和社会生活促进了自我意识的表现。黑猩猩能认识镜子中的自己，会对着镜子看自己的牙齿和屁股，有时还会对着镜子给自己化妆。醒来时，如果发现自己耳朵上有油漆斑点，它们就会查看自己的手指。

如此看来，人和动物之间并不存在把彼此分开的屏障。解剖学和生物学已经证明，人和动物之间存在着密切联系，我们昨天还和黑猩猩是同一群体。二者之间的分离可以追溯到600万年以前，二者的基因有98%是一样的。动物并不愚蠢，它们也可能有逻辑思维能力、抽象思维能力、预感能力、创造力、学习和适应的能力……

动物眼睛之谜

科学家对各种动物眼睛进行了观察，当他们设计人造光学系统时，就可以参照不同的动物眼睛来设计。从鸟类到昆虫，从鲸到鱿鱼，科学家从动物王国的所有成员中获得灵感，以设计高性能的人造眼睛。

美国加州大学生物工程师、纳米技术专家雷卢克阐述了最新研究，并将其发表在近日出版的《科学》上。

弹涂鱼生活在水里，但它们时常爬到岸边的树上，在陆地上待几个小时，因此它们的眼睛是典型的陆地型眼睛。而它生活的水域大都是水质混浊的池塘，水下的视力好坏也无关紧要。

鼓虫生活的水域是清澈的，因为它在定居问题上选择了水陆两栖，因此大自然毫不吝啬地给了它两对眼睛，一对在水里用，另一对浮出水面用。

美洲中部湖泊里的一种四眼鱼，能敏捷地跃出水面，捕食正在飞行的昆虫。说它是"四眼鱼"，实际上它只有两只眼，这两只眼睛的特别之处在于，瞳孔上下径伸长，并有一层间隔将眼睛横截成两部分，其透明介质上部的折射介质适应于在空气中看东西，眼睛的下半部则适应于水中观察。

鸬鹚等一些鸟类既要在飞行中远望，又需在水中捕鱼时看清近距离的景物。它们可以在极大的范围内调整晶状体的曲率。通常年轻人眼睛的折射率不足15个屈光度，鸬鹚则高达40～50个。因此，它们既能在稠密的水草中搜寻小鱼，又能发现高空中盘旋、随时都有可能发动突袭的猛禽。

深海软体动物的眼睛，直径达20厘米，是具有延伸功能的套迭型眼睛。它们的瞳孔很大，可以将尽可能多的光线收入眼帘，在灵敏度极高的感光成分上聚焦。猫头鹰是善于夜战的动物，光线再弱它也能明察秋毫。它看东西所需的光，强度仅为人眼需求的1/100。

猫眼在黑暗中闪闪发光，狼眼在夜色中阴森恐怖，其实它们的眼睛本身并不发光，但能反射进入眼睛的月光、星光和其他微弱的光线，并将这些光线汇集于眼睛的后表面上，所以才使它们的眼睛光彩照人。

人类的眼睛是典型的相机型眼，用一个单镜头（眼珠）将图像聚焦到光敏感的视网膜上。其他自然界中的相机型眼有的还能伪装，而我们的眼睛却不能。

比如，鸟的眼睛有特别的肌肉，能改变晶体的厚度和角膜的形状。鲸的眼睛有特别的"水压"，通过注水和排水来调压，从而可以让它们的晶体前后移动，使其离视网膜忽远忽近。这种独特系统可以让鲸在水里水外都能看得一清二楚。

科学家正在向自然界中发现的另一种眼睛——复眼进军，从动物眼睛上寻找灵感。昆虫和节肢动物中有复眼。复眼由许多单个晶体组成。单个成像单位称为"小眼"。比如，蜻蜓为单复眼，其晶体达1万个。有些复眼能同时处理图像，每个晶体传送自己的信号给昆虫或节肢动物的大脑。这使它们快速发现目标和图像识别，这就是为何苍蝇很难被打着。

新的显微加工技术可以让研究人员生产微型人造复眼。雷卢克等已经制造出了人造小眼。每个小眼都有一个微型晶体连在管状的波导管上，以将光传送给光电子图像仪。他们已经将"小眼"排成圆屋顶，到时可用以制造能看360度的装置。

科学家正在探测自然界的视觉系统，看看是否能从动物中找到关键问题的解决办法。比如，红外线传感器虽然比人眼更厉害，但它们需要复杂的冷却系统才能进行工作。

揭秘家马驯化之谜

中国考古学家开始对一些古代遗址出土的马骨进行古DNA分析，以期揭开中国家马的驯化起源之谜。

吉林大学边疆考古研究中心研究人员蔡大伟说，在中国，马是何时何地被驯化的仍旧是个谜。古DNA分析对进一步研究马的迁徙、传播乃至驯化起源等将提供有价值的线索。

他说，中国的家马和马车是商代晚期突然大量出现的，在河南安阳殷墟、陕西西安老牛坡、山东滕州前掌大等商代晚期的遗址中，发现了很多用于殉葬和祭祀的马坑和车马坑，在墓室中也出现了马骨。

"然而晚商之前有关马的考古材料非常少，虽然有零星的马骨记录，但数量极少，材料又很破碎，很难断定是家马还是野马，早期驯化阶段的缺失和商代晚期家马的'突然'出现，使中国驯马历史显得扑朔迷离。"蔡大伟说。

为了揭开中国家马的起源，吉林大学边疆考古研究中心考古DNA实验室现已开始对殷商以来中原地区河南安阳殷墟、河南郑韩故城以及宁夏、内蒙古地区等考古地点出土的马骨进行古DNA分析。

据介绍，古DNA研究是考古学研究中的一个新兴领域，最显著的特征之一就是它能够对考古学研究提供客观性的佐证，目的就是要跨越"时代的鸿沟"，将现代和古代之间的缺环连接起来。

蔡大伟说，古DNA就是保存在古生物遗骸中的遗传物质——脱氧核糖核酸，作为遗传信息的载体保存有生物遗传变异和生长发育的全部信息。所谓古DNA技术就是采用分子生物学技术设法提取出蕴藏在古生物遗骸之中的DNA片段，接下来进一步扩增、测序，最后对结果进行分析研究，以解决考

△ 草原上的骏马

古学的诸多问题。

　　马的驯化是草原文明开发的核心，同时也深深地影响着人类文明的进程。马不仅为人类提供肉、奶等蛋白性食物，而且极大地提高了人类运输和战争能力。骑马民族的扩张活动还导致人类的迁徙、种族的融合、语言和文化的传播。

　　多年来，马的遗骸在欧亚大陆、西伯利亚草原地带（公元前4000年以来的考古遗址中）出土得越来越多。但是马的驯化是在一个地区开始，然后扩散到其他地区，还是在不同的地区分别被驯化，目前考古学家仍然不清楚。

鹰曾是人类的天敌吗

南非汤恩采石场1924年出土的"汤恩幼儿"头骨一直被认为是迄今为止发现的人类最古老的祖先遗物之一。正是它令一些人坚信，"人类起源于非洲"。而古人类学家12日公布惊人发现："汤恩幼儿"当年竟丧生于鹰爪之下。

公布这一发现的是美国科学家李·伯格，他目前在约翰内斯堡大学任职。大约10年前，伯格和伙伴就怀疑"汤恩幼儿"死于鹰类偷袭。如今伯格相信，当年的假设已找到确凿证据：就是头骨眼窝深处的裂痕。

1925年，工人在南非汤恩地区石灰石矿中发现了一个幼年灵长类动物头骨，即后来闻名世界的"汤恩幼儿"。由于头骨同时具有猿和人的特征，专家认为它是人猿与人之间的过渡体，将其定名为"南方古猿非洲种"。据推测，死者生于距今大约200万年前，死时年龄为3岁半左右。当时人们普遍相信，这一可怜幼儿丧生于美洲豹等猫科动物之手。

若不是美国俄亥俄大学5个月前的一份研究报告，伯格或许会将这一假设永埋心底。这份报告的主题为非洲科特迪瓦丛林中冕鹰的捕猎行为。冕鹰堪称鹰类中的"大力士"，能抓起比自身重5倍的动物。报告说，这些鹰敢于攻击比自身大得多的动物，方法是从空中突袭，用锋利的爪子撕碎猎物的天灵盖。研究人员还检视了残留在冕鹰巢中的动物遗骨，指出这些遗骨上通常留有特殊痕迹，或是头盖骨顶部的裂痕，或是头骨侧面钥匙孔状的空洞。

伯格称，恰巧就在"汤恩幼儿"头骨眼窝底部，可以看到一个小洞，以及向四周伸展的不规则裂痕。二十多位考古学家曾对真凶提出质疑，可他们谁也没有注意到这一细节。伯格说，这一发现令他重新想象人类远祖的生存环境。或许，从猿到人的某些行为变化正因"天敌"而起，比如直立行走和群居。因为直立行走能缩小猿人在鹰眼中的目标，群居则能有效吓退天敌。

杨桃龟雌雄比例失调之谜

马来西亚丁加奴州兰道阿邦是全球6个杨桃龟产卵地之一。据丁加奴渔业和海域生态中心主任加玛鲁汀说，目前，马来西亚的雄性杨桃龟与雌性杨桃龟比例严重失调，许多龟卵因此没有受精，不能孵化出小杨桃龟。丁加奴海岸在2002年只有3个杨桃龟卵窝，而且一只小杨桃龟也没有孵化出来，原因在于雄性龟的比例只占3％，即每100只杨桃龟中，只有3只是雄性龟，而其余97只都是雌性龟。自从1984年以来，登陆丁加奴海岸产卵的杨桃龟数目不断减少，至2000年，该州几乎没有任何一只小杨桃龟被孵化成功。

加玛鲁汀说："一只杨桃龟需要30年生长期才能授精或产卵。雌性龟每两年最多能产下180个卵，每年分5次产卵，每次间隔9天。每当产下一窝卵后，它们会在附近的海域游戏，尤其是水母聚集的海域，更是杨桃龟的游乐场，它们最爱吃水母。因为杨桃龟爱吃水母，也因为它们是大近视眼，往往会把漂浮在水里的塑料袋当成软软的水母，一吞下去就把自己噎死了。"他说，成年的雌性杨桃龟能连续产卵，直到120岁为止，因此尽最大努力保护雌性杨桃龟，也是为了保护那高达数万个的龟卵。

为了保护杨桃龟不致灭绝，丁加奴渔业和海洋生态中心开始专心孵育雄性海龟。加玛鲁汀说，通过用于孵化的沙堆温度可以控制小杨桃龟的性别，如果温度为29.5℃左右，就会孵化出数目相等的雄性和雌性杨桃龟；温度在25℃以上29.5℃以下，会孵化出雄性杨桃龟；温度高于29.5℃而低于33℃，会孵化出雌性杨桃龟；如果温度低于25℃或高于33℃，龟卵的胚胎就会受到破坏。杨桃龟的产卵季节是每年的6、7、8月。为了让更多的雄性小杨桃龟担负起传宗接代的使命，丁加奴渔业和海洋生态中心把那些龟卵放在温度较低的沙堆里，希望孵育出更多的雄性龟。

企鹅爱家之谜

企鹅是南极冰雪世界的"主人"，是南极的象征。憨态可掬的样子常常让人们忍俊不禁。俗语说："人有人言，鸟有鸟语。"这些身着燕尾服的"绅士"们也有着丰富多彩的"语言"。

当行人或贼鸥靠近时，阿德利企鹅会紧收项颈羽毛，在头顶处形成褶状隆起，转动的眼圈里，上露眼白，这表示它心里紧张，但又不希望与对方争斗。接着它收拢颈毛，慢慢地前后扇动着翅膀蹒跚离去。

每当外出归来时，阿德利企鹅会拖长尾音高声呼叫。呼叫时，身体伸长，两翅夹紧，喙部大张。当它与自己的"爱妻"或宝宝相遇时，就会摇头晃脑、低头哈腰，以此来表达久别重逢之喜。当接近巢位时，阿德利企鹅身体和颈项均倾向巢穴，似乎说"到家了"。

企鹅在接近其领地2～3米时，不管领地内有无配偶或幼仔，都会发出高声呼叫，似乎在说："家里有人吗？我回来了！"如果配偶或幼企鹅在家，它们也会发出高声呼应："我在家，请进来。"两者相见时，便不再呼叫，这时会软语温存一番。

企鹅进入"婚配"时，首先要解决的就是"住房"问题。所以在"结婚"之前，独身雄企鹅就要为筑巢，布置"新房"而忙碌了。不过它们对住房的要求不高，只要不足1平方米，有些石子围成一个圈，就可作为"洞房"了。别看它整天都在忙着筑巢，可是嘴里也闲不住，不停地在巢位上狂热呼叫，以招引雌企鹅。开始时慢扇翅膀，弯下脖子，然后全身伸长，呈直立状，头径直向上，喙指青天。起初狂喜呼叫是断断续续的颤动音，达到高潮时，变成嘶哑的号叫，往往重复三四次。一般的企鹅对于这种呼叫无动于衷，而对漫步顾盼在营地附近的单身母企鹅来说，这种呼叫却具有吸引力。

当一只羽毛紧束、光彩照人的雌企鹅点头哈腰地走近雄企鹅时，说明雌企鹅相中了它。而雄企鹅如允许它接近。它们就开始正式交往了。

接下来就是拜堂了。雌企鹅走进巢位，雄企鹅深深地一鞠躬，雌企鹅也同时鞠躬还

△ 企鹅一家

礼。简单的"拜堂仪式"后，雄企鹅蹲于巢内，用喙轻轻抚弄窝，有意无意地重新整理巢中之石，雌企鹅则立于巢旁。稍后，雄雌企鹅互换位置，最终实现交配。

企鹅看起来像一位温文尔雅的绅士，其实它们也会为了领地而与其他企鹅发生争斗。常常为了领地所有权归属的问题而争吵，有时还为此斗得不可开交，直到一方认输为止。外界物体的快速行动往往也会引起企鹅极其强烈反应。对贼鸥、外来企鹅或行人的侵扰，它们会发出咆哮呼叫。如果情况进一步恶化，企鹅便攻击呼叫。其声音短促、沙哑、刺耳，好像在说："我跟你拼了！"接着它就向对方冲击，猛扑过去。同时，还有用胸部顶撞对方或翅膀猛烈拍击对方等进攻性动作。不过当你悄悄地、友好地向它们靠近时，它们也不会主动攻击你。而且人们如果在企鹅群中待了一段时间，它们就会认同你是一只大企鹅，或认为对它们没有什么危险，它们也就若无其事了。有趣的是，当人们偷偷地把拳头塞到企鹅肚子下，企鹅还以为是只企鹅蛋，就精心地蹲在那里孵蛋。

成群结队、漫山遍野的企鹅给南极大陆这个寒冷、寂寞的冰雪世界带来了生机。在这里，它们才是南极大陆的真正"主人"，它们用特有的语言，特有的生活方式演绎着企鹅家族的历史。

"酒鬼"动物之谜

据英国Ananova网站报道，英国一只小鸟因嗜啤酒如命而成为酒吧的常客，但却因为经常要去喝客人的啤酒而遭到厌烦，最终得到了被拒之门外的命运，再也喝不到心爱的啤酒了。看着这只嗜酒如命的小鸟，很多人会觉得很好笑，其实在动物世界里，很多都对酒精有着特殊的依赖性。每每喝醉之后的表现也是千奇百态。

超级酒鬼绿长尾猴：

有没有一种动物像人类一样好酒贪杯，而且会一醉方休呢？当然有，那就是绿长尾猴。而且生物学家哈舍尔·缪尔的研究发现，绿长尾猴喝酒的方式与人类惊人的相似。

如果做这样一个假设，让绿长尾猴在喝酒和不喝酒之间做出选择。大约有15%的猴子持绝对禁酒的立场；而也会有15%的酒量甚豪，尤其喜欢酒精含量极高的"伏特加"烈酒；还有大约5%属于那种喝酒速度极快，"感情最深"的——"一口闷"的类型，狂饮之后很快就烂醉如泥了。第二天，酒醒之后马上又故态复萌，可称得上是猴类中的超级酒鬼，其余的多数绿长尾猴则是温和适度且喜欢社交活动的酒徒，它们钟爱那种将酒精混合在果汁中的美妙感受。

绿长尾猴在喝醉以后的表现也与人类很相仿。一些处于微醉状态下的猴，侵略性明显增加，变得脾气暴躁；有的变得更加轻浮爱调情，另一些醉酒的猴可能感觉周围的一切都滑稽可笑，变得更加调皮。

酒后癫狂的大象：

大象早就因为痴迷酒精而声名狼藉。非洲象在食用了若干种发酵的椰果后会变得极为兴奋好斗。而它们的同胞亚洲象在醉酒之后其癫狂的程度甚至有过之而无不及，它们在醉酒狂窜的过程中经常会毁坏居民的家园甚至杀人。

2003年12月，印度东北部的阿萨姆邦一群大象在捣毁农民的谷仓搜索食物的过程中，偶然发现了一桶农民自家的米酒，它们一哄而上，捣破酒桶，喝光了其中的米酒。结果将至少6个当地居民踩死，造成轰动一时的惨案。

坠落的醉鬼蜡翅鸟：

人类有喝酒后不得开车上路的法规，鸟的世界里也有"不要在喝醉后飞翔"的教训。可是很多鸟儿仍然不汲取教训，冒险飞行。据统计，每年都会有不少喝醉的鸟儿昏昏沉沉地撞击到人们的窗台上，甚至是垂直地从建筑物或树上坠落身亡。

△ 蜡翅鸟

蜡翅鸟可以说是这类醉鬼鸟中的代表。人们经常可以看到这样的情景：飞在空中的蜡翅鸟左右摇摆，忽上忽下，姿态十分古怪，像喝醉了一样，而且飞着飞着就会从空中一头栽到地上，断气身亡。科学家对鸟的尸体解剖之后发现，它们体内含有数量足够多的已发酵的山楂果，其肝中的酒精含量之高足以使它们酩酊烂醉。还有些蜡翅鸟因为经常吃已经发酵的浆果，虽然没有从空中摔下来，可是已经是酒精中毒引起的肝病"患者"了。

"腾云驾雾"的狐猴：

植物学家克里斯托弗·伯金肖研究发现，马达加斯加黑狐猴喜欢从千足虫分泌的有毒化学物质中获得亢奋、沉醉的感觉，并通过这种方式来抵御寄生虫的侵害。他发现，有时当狐猴在树枝上看到个头较大的千足虫时，会一把捉住并咬上几口，然后从它们的嘴里开始冒出泡沫，这时狐猴会将千足虫不停地往自己身上擦抹，并露出一脸苦相：眼皮低垂，其情形犹如吃了"猫薄荷"的猫一样，表露出种种有明显挑逗意味的色情状。

龙虾识途之谜

　　美国北卡罗来纳大学的研究人员拉里·博尔斯和肯尼迪·洛曼经过研究后得出结论，龙虾是靠地球磁场来辨别方向的。

　　这两位生物学家把抓来做实验的龙虾关在一个密封间里，然后带到40公里外一个对它们来说完全陌生的水域里，这样就可以保证它们绝对不可能依靠视觉记忆来辨识方向。可是第二天，所有龙虾都顺利回到了它们被捕获的地方——也就是它们原来的家。

△ 龙虾

　　这是科研人员第一次发现无脊椎动物体内也存在磁感应物质，能够根据地球磁场确定自己的地理方位，就像候鸟、某些哺乳动物和鱼一样。生活在大西洋西部的龙虾每年10月到第二年1月都会长途迁徙，行程有时长达200公里。它们一只接一只排成长队，数百只一起在海底鱼贯前行，目标明确、阵容庞大，就像一支开拔的部队。

始祖鸟是鸟类的真正祖先吗

大自然中鸟类繁多，是地球上最早的"空中居民"之一。

然而，很多年来人们对鸟类的起源一直迷惑不解，直到19世纪，科学家们才把注意力集中到鸟类古化石的研究上，希望能从中探索出鸟类由来的奥秘。

令古生物学家们惊喜不已的是，他们终于发现了一块奇异化石。这是1861年在德国巴伐利亚省索伦霍芬的附近所出现的奇迹：在当地距今1.5亿年左右的石灰岩中，发现了一具似乌鸦大小的、既像爬行类又像鸟类的化石。它的嘴中有成排的尖齿，已经长成翅膀的前指端有爪，还有一些其他特征使它很像爬行动物。但是对化石的进一步研究，又可看出它已经长有羽毛，它的骨盆结构比爬行类发达。更重要的是，它还是恒温的热血动物。羽毛和恒温是鸟类的重要特征之一，这就说明它更接近鸟类。对化石是爬行类还是鸟类的鉴定上，科学界发生了激烈的争论。最后，人们还是趋向"它属于鸟类"的观点。鉴于它还带有许多爬行类动物的特征，又是当时所发现的最古老的鸟，科学家把它定名为"始祖鸟"。

始祖鸟化石的发现证明了鸟类是由爬行动物演化而来的。然而，一百多年来，科学家对鸟类究竟是由哪一种爬行动物演化而来的的结论一直争论不休。最近几十年，有人还对始祖鸟是否是"鸟类最早的祖先"的定论提出了疑问。有的学者认为：由体温不恒定的、无羽毛的爬行动物进化到恒温热血的、有羽毛的鸟类，是个漫长的过程，在始祖鸟之前还应该有一系列过渡类型的鸟类，始祖鸟不可能是最为原始的鸟类。还有的学者认为：始祖鸟在鸟类的发展史上可能只是鸟类演化中的一支旁系，一些证据说明在它之后的几千万年就有了十分类似现代鸟的种类。总之，很多古生物学家似乎不肯坚

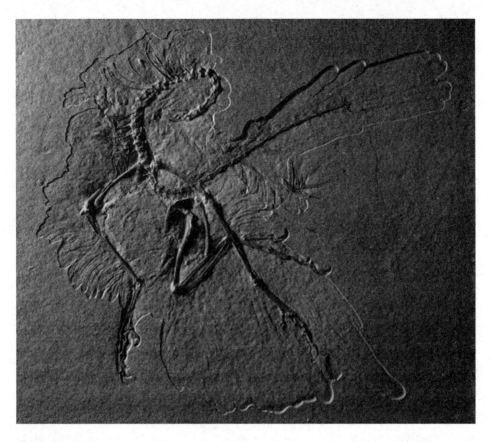

△ 始祖鸟化石

信，始祖鸟就是鸟类的真正祖先，他们推测鸟类的祖先可能是比始祖鸟早得多的鸟类。

这种推测快要被证实时，又引出了新的争论。这又是两块化石所引起的。美国得克萨斯州工业大学的古生物学家查特吉，在波斯特城附近距今2.25亿年的地层中，发现了两具乌鸦大小的化石鸟。查特吉的研究表明：它们的形态要比始祖鸟更像鸟类，有鸟类特征的细长前肢、龙骨状胸骨。它们的头骨完全像现代鸟类，而且颌的背部已没有牙齿。这都说明它们比始祖鸟更能够进化到较晚期的鸟类，虽然它们还具有一些爬行类的特征，如颌前端还有四颗牙，有一条尾巴和带爪的指。更重要的是，这两块在北美洲大陆发现的鸟类古化石比那块100多年前在欧洲大陆发现的始祖鸟化石，要整整早7500万年！

所以，这种更古老的鸟类化石，被查特吉取了个比始祖鸟更为原始的名字，叫"原鸟"，即"祖先鸟"的意思。但是有些科学家对这一化石的鉴定，立刻又有了新的怀疑。美国耶鲁大学的古生物学家奥斯特朗就说："原鸟化石的发现是不大可能的，因为鸟类的脆弱骨骼是难以保存得如此完好的，而且化石上还有一些特征与鸟类不符。"这些争论虽然刚刚拉开序幕，但是可以肯定，这场争论已经比过去一百多年来的争论更接近揭示鸟类起源的谜底了。

因为新化石原鸟的发现，使人们不得不对近些年来地理学的研究所提供的涉及鸟类起源的新线索刮目相看了。有些研究大陆漂移说和板块学说的科学家早在20世纪70年代初期就认为，始祖鸟可能不是鸟类的真正祖先。他们发现：很多现代鸟类中的候鸟，每年都在南北两大半球之间往返一次，最远的几乎要曲折飞行3万余里。它们为什么要选择如此曲折的飞行路线，进行这样远距离的飞行呢？如果在地图上把各个大陆重新合并在一起，一个有趣的答案就出现了。候鸟飞行的曲折路线奇迹般地变直了，距离也大大地缩短了。古地球联合大陆的解体、漂移是缓慢而漫长的历史，候鸟在不知不觉中按照原来的飞行路标飞行，这些在移动的飞行标志逐渐使候鸟的飞行路线变得曲折而遥远了。如果这个推测被证实的话，鸟类的历史至少要推前到2.3亿年以前了。因为古大陆解体与漂移正是这个时间开始的，这时的鸟类已经有了迁飞能力的话，那它们就应该是生活在15亿年前的始祖鸟的祖先了。

谁是鸟类真正的祖先？科学家们众说纷纭，至今尚无定论。

响尾蛇之谜

　　响尾蛇是人们最为恐惧的动物之一，据说人类对这种爬行动物的恐惧心理可以追溯到原始社会初期。无论是在古代传说中，还是现代小说、电影中它都成了恐怖、危险、冷漠、孤独的代名词。然而最新的科学研究表明，响尾蛇并没有人们想象的那么可怕，因为它们与很多动物一样并不主动攻击人类，除非它们受到威胁。随着科学研究的深入，冷血孤独者这个称号似乎也不再适合它们。今天就让我们走进响尾蛇的世界，透过它的生活，了解令人畏惧的蛇类世界。

　　响尾蛇属于蛇类的毒蛇科，有三十多个种类。世界上所有的响尾蛇都来自西半球，主要是北美地区。科学研究发现这种动物的进化史很短，是最晚进化出来的动物之一。

　　响尾蛇之所以有这样一个奇怪的名字，是因为在它的尾部生有一串角质连锁环，当它的尾部摆动时这些连锁环就会发出清晰可闻的"嘶嘶"声，以此来吓阻那些大型有蹄类动物或食肉动物。响尾蛇还有一个独特之处：在其头部的两边各长有一个凹坑。凹坑是一个散热器官，可以用来探测猎物所在的位置。响尾蛇与其它蛇类不同，它不产卵，以卵胎生的方式繁殖后代，即在体内孵化幼蛇，一胎产10只左右。雌性响尾蛇每两年繁殖一次，卵在母蛇体内大约要孵化90天，幼蛇才能出世。为了生存，在进化过程中幼蛇出生后几分钟便可独立活动了，毒液是它们最好的保护自我的武器，所以某些响尾蛇其幼蛇的毒液毒性甚至超过了成年蛇。

　　响尾蛇一般在黄昏后出来活动，饥肠辘辘的响尾蛇常常会寻找一个隐蔽的伏击点，潜伏在那儿等候从其旁边经过的老鼠、地松鼠和兔子等小型哺乳动物。响尾蛇灵活的叉状舌，能迅速弹出、收回，从地面上吸食带有气味

△ 响尾蛇

的颗粒，然后将这些颗粒吸附到口内上颚部分的一个特殊的气味器官上。然后，它就静静地躺卧在那儿"守株待兔"了。

习惯于夜间捕食的响尾蛇，即使是没有月光的黑夜，也不会影响它捕获猎物。这时蛇头两边的热感器官（称为"颊窝"）就起作用了，它能够探测到从啮齿类动物身上散发出来的热量，因此响尾蛇能够"看见"猎物的热映象。只要猎物的体温略高于周围环境，响尾蛇便能够在黑暗处向猎物发出迅速而有力的一击，然后将毒牙中的毒液注入猎物体内。在对猎物发出致命一击后，响尾蛇以极快的速度弹出义状舌从地上吸食气味颗粒，以帮助它确定死亡猎物的位置。

响尾蛇和其他动物一样，只在饥饿时才寻找猎物。成年响尾蛇平均每两周捕食一次，当然这还要取决于猎物的个头大小，如果猎物很大，响尾蛇捕食的间隔时间就会长一些，反之就会短一些。小响尾蛇捕食的次数要频繁一些，大约每周捕食一次。

在人们的印象中，蛇是一种孤独的冷血动物，一定是独来独往的"独行侠"。但是最近科学家发现了一个罕见的现象：一只雌性响尾蛇和它新生的幼仔在一起至少待了9天。之所以说罕见，是因为一直以来科学家也认为蛇类是彻底的冷血孤独者。

过去人们一直认为，雌响尾蛇在产下它的幼仔后会自顾自地离去。但是动物学家在亚利桑那州奇里卡华山区隐蔽的岩石中发现，雌响尾蛇在它初生的孩子旁边至少会待9天的时间。幼蛇出生后的第四天，发现有5只幼蛇在雌蛇的附近爬行。人们将这些小蛇移到它们居住地之外，甚至放到周边的草地上，让它们远离母蛇。然而1小时后，几条小蛇又重新回到了母蛇的身边。当一条小蛇在母蛇的头顶爬行时，母蛇仅仅是轻轻地挪动了一下位置，表现得很有耐心。渐渐地，母蛇开始带着孩子到洞穴外面去沐浴阳光。出生后的第9天，小蛇出生后的第一次蜕皮开始了，母蛇在二三米外关切的注视着、保护着它们免受食肉动物地袭击。第一次蜕皮就像是蛇的成年仪式一样，此后小蛇就离开母亲，开始独立生活了。母蛇对孩子的这种呵护，使科学家们感到震惊，因此把这种关怀称为"母性关怀"。

除了"母性关怀"，科学家发现在响尾蛇之间还存在着"姐妹情谊"。美国生物学家若伦·克拉克曾将数条雌性响尾蛇放在一个笼子里观察。结果发现，响尾蛇姐妹之间的关系非常亲密，它们在休息时彼此之间保持平均为6厘米的距离，而且有大部分时间是相互缠绕在一起，扭动着身躯，似乎两个小孩子在一起玩耍；而那些非姐妹关系的响尾蛇之间则彼此保持平均为14厘米的距离，很少"交流"。

在实验中还发现，雄蛇之间一般要保持较远的距离。这是因为丰富的食物和暖和的气候，促使雄性进入了生殖前的准备状态，在这种状态下，它们是不能容忍附近有其它雄性存在的。每年春天，加拿大的马尼托巴湖畔，随着气温上升，冬眠的蛇逐渐苏醒过来，这时候成百上千条响尾蛇走出了它们的冬眠场所。这是野生生物中的一个壮观的景象，每年吸引了许多人前来观察。

冬季，像生活在寒冷地区的其他动物一样，响尾蛇会进入洞穴冬眠，以度过寒冷的冬季，那么在一个洞穴中通常有数百只响尾蛇缠绕在一起。这也是响尾蛇能够彼此容忍的极少的场合。它们是否也能识别出谁是自己的"亲人"，当冬天过去以后，那些缠绕在一起的蛇是不是认为没有必要再和其他蛇结为伙伴而兀自离去，它们之间会产生什么样的人们所不能注意的相互作用呢？在蛇类中，复杂的社会系统是非常普遍的，但这种关系非常微妙，有待我们进一步去探索。

俗语说：一朝被蛇咬，十年怕井绳。人们最担心被蛇咬，但最新的研究发现，响尾蛇只在保护自己时才会攻击人类。如果它们受到了惊吓，它们首先选择逃离或躲藏起来，这时只要你与他们保持一定的距离便不会有危险。不同种类的响尾蛇，遇到人类时的反应方式也不尽相同：有的会凭借其与周围环境近似的颜色作为伪装，将自己隐藏起来，静静地躺在原地一动不动；有的则会静悄悄地溜走，如果这还不足以满足保证安全的话，它们或发出嘶嘶声，或振动其尾巴，或将身体涨大，以起到吓阻敌人的目的。

大部分响尾蛇在发起攻击前会发出警告，但如果在它们蜕皮、求偶或繁殖时受到惊吓，它们就可能突然迅速地向目标发起攻击。所以说，当你在浓密的丛林地带或岩石地区行走时，一定要当心你的落脚点或手的放置处。

如果你在外出旅行时碰到了一条响尾蛇，绝不要试图杀死它。许多人之所以被蛇咬就是因为想试图杀死蛇。如果一旦你被毒蛇咬了，必须立即以最快的速度到医院去，绝不要在家里治疗（这不会有用），绝不要轻视蛇伤，尽管大部分蛇对人不构成致命威胁。

蛇类也许在一定程度上打扰了我们的生活，但这些美丽的爬行类动物对我们的生态环境是非常重要的，因为它们能够控制啮齿类动物如老鼠的繁殖数量。我们必须保护蛇类，将它们看作有利于人类的朋友，而不要因为我们天生对它们怀有恐惧心理就试图消灭它们。只要在外出旅行时略微注意一下脚底下，我们就能与这种致命的但同时也是迷人的食肉动物和平相处。

海蛇是蛇颈龙吗

在一望无际的大海中有许许多多解不开的谜，而海蛇之谜就是其中之一。

1947年，一位名叫天治·泽格斯的受惊渔民，发现一个个子很大、颈长、眼睛漆黑的东西在盯着他。同年12月，一艘从纽约开往卡塔赫纳的希腊定期远洋轮"桑特－克拉拉号"，撞死了一只从未见过的海洋动物。人们称它为"海蛇"。该远洋轮的船长在纽约说：当怪物还在视线之内时就被撞死了，周围的海水被染成了红色。怪物的头宽2.5英尺，粗2英尺，长约5英尺。圆柱形身体的直径达5英尺，颈的直径有1.5英尺，外皮呈现褐色，无毛。

1959年12月1日，德班的一群渔民突然在海里看到了一群从未见过的海洋动物。据一条船上的目击者说，这群海洋动物是20条10～15米长的怪物。

1966年7月，美国人布莱特和里奇埃，驾着一只划船穿过大西洋时，也碰到了一个奇怪的海洋动物。在夜间两点左右，发磷光的海浪中出现了一条刺眼的亮带。接着，一个从未见过的动物头探出水面。一双突出的眼睛，闪着绿光，冷冷地盯着吓得发呆的人，动物慢慢游动，转动着长颈上的头。

人们目击到的这些动物，究竟是一种还是几种呢？根据古生物资料对长颈动物的描述来判断，首先想到的就是15米长的蛇颈龙，这种动物的数量不会太多。它们生活在深海区或不是经常用网捕鱼的海域。由于它们的听觉和视觉很发达，行动也很谨慎，因而一般不会被发现。人们所看到的可能是中年或老年的蛇颈龙，因功能丧失才被发现了。

目前，人们对海蛇的一些认识只是猜测，而真正的"海蛇"之谜仍未揭开。

奇形怪状的动物牙齿之谜

牙齿，无论对于肉食性动物还是草食性动物来说，都是至关重要的。印度有名的猎人吉姆·科贝特曾经说过："损失了一颗犬牙的老虎，甚至无法再去对付一头野猪，而仅仅只能伤害家畜和人了。"

最早的牙齿是从原始鱼类的骨质皮板上长出来的，是动物在进化过程中的重大"发明"之一。它们锋利而无情，敏感而准确。因为有了它，才满足了动物生存最迫切的需要——觅食。有资料显示，脊椎动物最早的牙齿是从约5亿年前的志留纪原始鱼类身上长出来的，古生物教授何塞·桑斯说："很可能是一些原始骨质皮板发生了变异。"它们成了嘴部皮骨骼的一部分。因此牙齿的形状、大小和排列与动物本身其所需要的食物生存的环境、年龄以及动物在自己的王国中所处的谱系等问题密切相关，从而有了动物世界奇形怪状的牙齿。

最锋利的牙齿：

如果在动物世界里评选谁的牙齿最坚硬、最锋利，恐怕非他莫属了，一种人人喊打的动物——老鼠。老鼠的牙齿像凿子一样，非常厉害。

老鼠牙齿的工作量超过了其它动物的牙齿，即使是用最坚韧的金属铸成的最尖锐的牙齿，也会被每天繁重的"工作"磨平。不过老鼠在进化过程中找到了解决问题的好办法，原来老鼠的门牙会不断生长，而且生长速度非常快。正因为如此，所以假如这类动物的牙齿接触不到坚硬的物体，没有磨损，每个月长出3厘米，到老年时就会长到70～100厘米长，反而成了进食的最大障碍。因而，每当夜深人静时，人们就会听到老鼠"咯咯咯"的磨牙声。

会移动的牙齿：

△ 凶猛的鲨鱼

现在世界上生长着一种来自远古时代的动物——鲨鱼。很多动物包括人在内都很惧怕它们，因为它们身上长有可怕的牙齿。最早的鲨鱼出现在4.5亿年前，现在大洋里游弋的一些鲨鱼可能最早出现在2亿年前。

鲨鱼的牙齿不仅锋利而且能够在它的口腔里移动。在鲨鱼的上下颌内侧表面，密密麻麻地布满了牙齿。它们整整齐齐地横排成行，齿尖向后，这样很容易将进入口中的猎物牢牢抓住。

长在前排的牙齿在捕食的过程中首当其冲，负担最重，磨损也最快。然而并不用为它们担心，因为鲨鱼的牙齿是会移动的，总是在缓慢地运动，向上、下颌的边缘移动。前排磨损了的牙齿渐渐"爬"出去，倒了下去，后排牙齿便紧随其后，顶了上来。待到这排牙齿完成使命，变得残缺不全时，"身"后的牙齿又会"奋勇向前"，上前接班。长此以往，这个"前赴后继"的换牙过程一直会持续到鲨鱼寿终正寝。

会"搬家"的牙齿：

在人的认识中都认为牙齿是长在嘴巴里的，其实并不尽然，有些动物的牙齿就已经"搬家"了。

鲤鱼的嘴里没有牙齿。不过你最好不要把手指伸进它的喉咙里，因为它的牙齿长在喉咙里，那里才是它进行食物加工的最初"加工厂"。

有一种大型食肉蠕虫，体长可达半米多。这种软体动物的"牙齿"也长在咽喉处。捕食时，食肉蠕虫的咽喉会翻出来，形成一个筋肉吸管，吸管前端有四个"牙齿"——含铜量很高的黑颚骨，这些颚骨的作用是咬碎食物的硬外壳。等到将食物牢牢咬住以后，吸管会紧裹着食物重新缩回咽喉里，然后才开始津津有味地享受美食。

海龟和有些食肉鱼类的牙齿也是十分尖锐的。不过它们的锋芒是不外露的，而是将尖锐的牙齿隐藏在食道里。实际上，这并不是真正的牙齿，而往往是一些较大的刺。长满尖刺的食道，与豪猪的皮肤很相似。不过这些刺并不是用来保护自己的，而是用来防止猎物逃遁。它们所有的刺都一律朝向胃部，因而保证了食物只能向一个方向移动，他们的胃里也会长牙齿，也许你不会相信，但事实是我们所熟悉的螃蟹的胃里就长有牙齿。掀开螃蟹的头胸甲，在两眼基部之间有个三角形的"袋子"，看起来有点像和尚戴的僧帽，这就是螃蟹的胃。在解剖镜下，可以看到螃蟹的胃分成两部分：前面像个大口袋，叫"贲门胃"；后面像个小汤勺，称为"幽门胃"。在贲门胃里，有几块骨板，有的上面长着角质化的牙齿，它们能把食物咀嚼和碾磨成小颗粒，再运往幽门胃。这套机械加工系统的作用很像石磨，于是动物学家把它称为"胃磨"。

因为螃蟹的牙齿长在胃里，所以吞咽食物时就用不着细嚼慢咽，可以把食物一股脑儿往胃里装，待休息时再由胃磨去仔细加工，这样为它节省了好多时间，可以让它们集中精力寻找食物。

令人瞠目的"特异功能"

蛇是很具有诱惑力的动物。尽管在山上、树林里、田野中，甚至于在水里都能看到它，但不论在哪里，只要有蛇出现就会吸引着一大群人，老的小的都会围上来看，尤其是小孩子们更是兴奋万分。而且不仅喜欢蛇的人要饱览一番，怕蛇的人也常常带着恐惧的心情远远地瞧着它。在人们心目中对蛇总还有几分害怕，但也难免有些神秘之感，因为它们所具备的某些"特异功能"，确实令人瞠目。

桥蛇：

"逢山开路，遇水架桥。"桥有各式各样，石桥、木桥、铁链桥，可最稀奇的，要算"蛇桥"了。修蛇桥的是蛇，用来修蛇桥的建筑"材料"也是蛇。这种蛇，就是生活在非洲南部莫桑比克丛林地区一种很少见的绞蛇。

表面看来，绞蛇和其它的蛇没有什么不同，但它们有一种特别的生活习惯，就是喜欢"集体活动"。走在丛林深处，当一片浓密的野草被拨开后，有时你会看到一幅让人心惊肉跳的情景：一大片被压平的草地上，数不清的蛇紧紧挤在一起，你缠着我，我绕着你，你又扯着它，好像有强力胶把大家粘在了一起，谁也离不了谁；又好像泼了很多油，弄得大家非得不停地动。看上去，就像千万根麻绳乱绞在一起，又如同一大锅不停翻滚的水。乱蛇阵一边相互打搅，一边向前移动，慢慢地靠近了一条小河。

到了河边，蛇阵稍稍停了一下，好像在观察地形，又好像在开会研究。很快，就看到许多蛇身子缠身子，头尾相连，用细细的身体"搓"成了一根粗粗的"绳子"。后面的蛇不断地爬上前来继续绞缠，"绳子"向着对岸慢慢延伸。终于，最前面的蛇挨到了对岸的土地，很快向岸上爬去。现在，"绳子"已经连接两岸了，但群蛇没有就此停止，还有许多蛇在两岸纷纷往大树上爬，把树干缠得死死的，这样，"绳子"就在两边各打了一个"结"。到了这一步，"蛇桥"就算建成了。群蛇顺着这座桥爬到对岸，然后这桥又从原先的那一边开始缩短，最后又被"拆"掉了。

蛇桥不仅可供蛇通过，如果您有足够的胆量，也可以踩着这座"蛇桥"过河。

玻璃蛇：

我们都很熟悉"白蛇"的故事，可是你听说过全身晶莹剔透的玻璃蛇吗？在我国湖南省索溪峪自然保护区就发现了一种"玻璃蛇"。这种蛇长不到0.65米，粗不过大拇指左右，全身透明，能看到内脏，当地人称之为"玻璃蛇"，是我国南方一种少有的毒蛇。

气功蛇：

蛇也会气功，而且它的功夫还真是了得，连汽车都奈何不了它。

西班牙有一种绿色的气功蛇，它们就像顽皮的孩子一样，平时最爱在公路上爬行。也许有人会说，公路上车来车往，多危险，其实这种担心是多余的。汽车一来，它便将空气吸入气囊，并迅速布满全身，像气功师发功一样，汽车从它身上压过后，它安然无恙，摇头摆尾而去。

原来这种蛇的腹内长有一个吸气囊，可使气流迅速填充全身。而其充满气流的躯体，还能承受很大的压力。气功蛇就是利用它的耐压性与充气后的功力来增强它的防御和捕食能力的。如果人们用大石砸它，只要不打脑袋，它就会安然无恙。所以即使飞驰的汽车从其身上碾过，它也能随时昂起头来，自在地溜走。

撒粉蛇：

在非洲马达加斯加岛上还有一种撒粉蛇，这种蛇"记忆力很差"，出洞走远了就找不到返回的路，是个彻头彻尾的"路痴"。不过它也有自己的妙招，在经过的地方都从身上脱下一些皮，这些皮干了以后就像撒了白色粉末的一条带子，它们就用它作为返回洞中的记号。

变色蛇：

各类陆生的脊椎动物都有色变的个体。在爬行动物里面，避役能因环境

△ 水赤链蛇

背景颜色的不同而变色，所以有"变色龙"之称。蛇在亲缘关系上是蜥蜴的堂弟弟，变色的本领虽不及它的堂兄，但也有不少种类是会色变的个体。在非洲马达加斯加岛上，生长着一种名叫拉塔那的蛇，它的颜色时常变化。爬到草丛里，就变成青绿色；伸缩在岩石上或盘缠在枯木上，就变成了褐色；把它放在红色土壤上，它很快又变成红色。

水赤链蛇是我国东南部常见的一种无毒蛇，背面灰黑色，体侧灰色、具有黑色斑纹，腹面是红色与黑色交互排列的半环状斑纹。可是二十多年前，在浙江却发现了一条橙色的水赤链，色彩鲜艳，非常美丽，头部及体背面为橘黄色，体侧有交互排列的深橘红色与橘黄色的斑纹，腹面是粉红色和灰白色交互排列的斑纹，和正常的个体相比，好像是另一种蛇。竹叶青是毒蛇，生活在树林及竹林中，也会因环境的不同而变色。至于同一种蛇，其体色深浅的变化就更是经常的了。

蛇的色变是由于皮内色素细胞的伸张或收缩而产生的，尤其是和细胞内的黑色素多少有关，如果多了，体色就变黑，少了就变浅，甚或成为白色。有时是暂时性的色变，有时由于环境条件和蛇体生理状态的改变，而成为较久的或永久性的色变。

装死蛇：

装死，是一些弱小动物为了生存而玩的小把戏。而某些蛇也会玩弄这些小把戏，其中猪鼻蛇的表演水平堪称一流。

猪鼻蛇是一种无毒的蛇，但当它们与敌人遭遇时，却会模仿有剧毒的眼镜蛇发起攻击的样子——把颈部弄扁，使身体膨胀，口中嘶嘶作响，尾巴还不住地摇摆着。没经验的捕食者看到这架势，常会以为遇上了厉害的对手了，于是拔腿就跑了。

如果猪鼻蛇的这一招没能把敌人吓住，别急，它们还有一招——忽然浑身痉挛，接着肚皮朝天就地而卧。蛇头毫无生气地歪在一边，大张着嘴，舌头也耷拉出来了，完全是一副死了的样子。更有趣的是，当有人把其肚皮朝天的身体翻转过来摆正的时候，它们会立即又翻过去，以表示自己确实是一条死蛇。

猪鼻蛇装死的时候，还会偷偷地注视着敌人的动静。如果有人在一旁盯着，它们就继续装死；等人的视线刚一离开，它们马上就会开溜，真是"狡猾"至极。

带电蛇：

在巴西境内的亚马孙河三角洲一带，有一种会放电袭击人类的奇蛇。这种蛇的身上所带的电压高达650伏，人若不小心，就会被"蛇电"击倒甚至死亡。曾有一渔民在亚马孙河三角洲捕鱼时发现了一条两米多长的带电蛇，因为用手捕捉，被击倒在船上。

吐丝蛇：

希腊北斯波拉提群岛上，生活着一种特异的蛇类——"夫加蛇"，与一般蛇有天壤之别，那就是在头的下部长着一个高高隆起的"囊包"，活像长着一个肿瘤。在这个囊包里盛满了可喷射成丝的半透明状汁液。这种汁液喷出后一遇空气即可成丝。在遇到敌害侵犯或"过路之客"，它马上准确射出这种液浆，将其一一粘牢。

这些汁液为何如此神奇呢？原来这种奇趣奥妙的液浆一遇上空气，顷刻间就被凝结成洁白晶莹明亮的丝线，将来犯之敌粘住。这种网每次可捕住重0.6~1公斤重的猎物。当地人非常喜欢这种蛇丝，常把这种丝收采起来织成6角或8角条形状网，割下来再作精细加工成一张精美柔软的"蛇丝渔网"。这种网不但比一般渔网坚韧，而且具有不怕海水腐蚀的优点。

果舌蛇：

果舌蛇生活在巴西草原上，全身披着草绿色的花纹，长约1.5米，是一种无毒蛇。它最大的特点是舌头上长有一粒果形红色舌粒，乍看起来酷似一

△ 眼镜王蛇

颗鲜红的樱桃。每当觅食时，它先将身体游移至绿色植物上，然后将舌尖伸出，一些小鸟看见它那红色的舌粒，误以为是植物的果子，随即去啄食，此时果舌蛇便迅速出击，将其咬住，美餐一顿。

为人类提供服务的蛇：

驯化动物，是人类征服自然的表现。野马被我们祖先驯服了，成了我们田间劳动好帮手。狼被人类驯化了，成了看家护院的好手。蛇，尤其是毒蛇给我们的生活带来不少麻烦，但是它们也能成为我们生活的好帮手，它们也能为我们人类提供服务。

"跟跟蛇"印度尼西亚亚佛罗勒斯岛上，有一种无毒的"跟跟蛇"。它像小狗一样，跟随主人形影不离，主人下田时，它就四处驱赶啄食的鸟类。主人回家，它也跟着游回来。

无独有偶，在沙特阿拉伯，很多家庭看家护院的也不是狗，而是蛇。这是一种无毒的"四鳗青"蛇，相貌丑陋，连野兽见了也会吓得落荒而逃。当地居民将其精心喂养，让它看家护院，驱赶野兽。

摆渡蛇：

在非洲坦桑尼亚的一个岛上，生活着一种奇特的渡船。这种渡船是用一种叫做"复庚乞德"的蛇作动力的。这种"摆渡蛇"乌黑发亮，头部特别大，一次能拉走一艘载几十人和许多货物的渡船。这种蛇外形虽然凶恶，但性情却很温顺，所以当地居民将其捉来驯服，作为出门的脚力。

非洲的加纳沃尔特河有个毕索渡口，人们摆渡也不用船，而是用蟒蛇来摆渡。这蟒蛇经驯化，由渡口的主人将载人的木架用绳系在蛇身上，蟒蛇按主人的"命令"，拖着渡架游向对岸，而且还很平稳哩。

缠人蛇：

非洲有一种蛇缠旅店。客人一躺下，便有条条小青蛇爬来，缠在客人的手、脚、头颈上，与人同眠。原来，这是店主特意放养的"缠人蛇"。这种蛇会发出一种辛辣的气味，使扰人难眠的非洲毒蛇不敢近前，从而保护了旅客的安全。

冰冻蛇：

爱尔兰地区和加拿大北部，冬天严寒异常，蛇被冻成了一根根手杖。当地的老人常把直挺冬眠的冰冻蛇当作手杖来用，有的居民还把盘卧冬眠的蛇串编成门帘，编成篱笆，用来挡风，别具一格。直至春暖花开，蛇苏醒后，这些"手杖"、"门帘"才悄悄地离去。

食草蛇：

印度尼西亚的伦贝岛上有一种食草蛇，又叫白圈蛇。这种专好食稻草的蛇长约1米，背部有十多个白色圈形花纹。它们可是当地农民的好帮手，农民将它捉入稻草较多的农田中，不出数日它们就能将田中的杂草吃得精光，而绝不侵害农作物。有趣的是，这种食草蛇从不伤及人和禽畜，颇受人们欢迎。

海豚睡觉吗

任何动物在睡眠时总有一定的姿势，使全身肌肉处于完全松弛的状态，可海豚却从没有现出过肌肉完全松弛的状况，难道海豚不睡觉吗？

美国动物学家约翰·里利认为，海豚是利用呼吸的短暂间隙睡觉的，这时睡眠不会有被呛水的危险。经过多次实验，他还意外地发现，海豚的呼吸与其神经系统的状态有着特殊的联系。里利曾作过一次实验：他把海豚放在一张实验台上，然后给它以每公斤体重约30毫克的剂量注射麻醉剂，半小时后海豚的呼吸变得越来越弱，最后死了，以后的大量实验也证明，海豚不宜注射麻醉剂，否则就会立即死亡。

为什么会有这种现象？动物学家们认为，海豚是在有意识的情况下睡眠的。因此对海豚的神经系统施加轻度影响，一定会导致海豚死亡。

海豚的睡眠之谜，使研究催眠生理作用的生物学家产生了浓厚的兴趣。他们将微电极插入海豚的大脑，记录脑电波的变化，还测定了头部个别肌肉、眼睛和心脏的活动情况，以及呼吸的频率。结果发现，海豚在睡眠时呼吸活动和平常一样。与其它动物不同的是，海豚在睡眠时仍然还在游动，并有意识地不断变换着游动的姿态。进一步的研究证明，海豚在睡眠时其大脑两半球处于不同的状态。当一个半球处于睡眠状态时，另一个却在苏醒中；每隔十几分钟，它们的活动状态更换一次，并且很有节奏。正是由于海豚大脑两半球睡眠和觉醒的更替，才能使它维持正常的呼吸和游动，而麻醉剂一下子破坏了大脑两半球的正常交替，使它们都处于休眠状态，从而阻塞了呼吸的进行。

海豚到底是如何睡眠的，它的睡眠会为人类提供什么新的启示？这有待于科学家们继续努力去探究。

老鼠为何不能绝迹

老鼠在哺乳动物中，个体数量最多，分布最广，但它给人类带来很大的危害，可算是人类的敌人。多少年来，人们一直在想方设法消灭老鼠，但始终不能使它绝灭。

人们先用机械的办法捕杀老鼠，但这种办法杀灭老鼠的数量十分有限。近几十年来，人们发明了许多杀

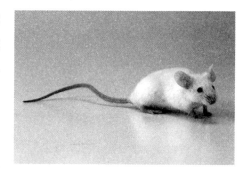

△ 老鼠

灭老鼠的药物。可每次用一段时间后，这些药物也就失去了作用。据说，苏格兰的一个农户发现了不怕老鼠药的老鼠。科学家研究发现，这种老鼠已具有遗传性的抗药能力。也就是说这种老鼠已具备了抗药的基因，它们的"子子孙孙"也都能抵抗药害。

老鼠不但不怕药害，而且连具有强大杀伤力的核放射也不怕。据1977年7月的美国《地理杂志》报道：第二次世界大战之后，美国在西太平洋埃尼威托克环礁的恩格比岛和其它岛屿上试验原子弹，炸出一个巨大的弹坑，炸断了所有树木，同时放射出强大的射线。几年后，生物学家来到恩格比岛，发现岛上的植物、暗礁下的鱼类以及泥土都还有放射物质，可是岛上仍有许多老鼠。这些老鼠长得健壮，既没有残疾，也没有畸形。这可能与老鼠洞穴有一定的防御作用有关。然而，老鼠本身的抵抗能力也是十分令人惊讶的。

老鼠为什么不能灭绝，它为什么有如此大的抵抗能力呢？要揭开这些令人费解的谜，还需要科学家们不断地探究。

动物能充当信使之谜

鸽子当信使是早为人知的事，但狗、鸭等其它动物也能当信使就鲜为人知了。

1815年，法国的拿破仑在滑铁卢战役中被击败。得胜的英军把写有这个消息的纸条缚在一只信鸽的脚上，结果这只信鸽飞越原野，穿过海峡回到伦敦，第一个把胜利的消息送到了伦敦。

△ 信鸽

1979年，我国的对越自卫反击战中，某部一个侦察员得了急病，医生诊断需用一种药品，可身边没有，如果派人去后方取药，已经来不及了，他们便用军鸽去后方取药，仅用30分钟就取回来了，使病员得到及时抢救。

只要对狗加强训练，狗也可成为称职的信使。在法国巴黎，有些人在缴付报费后，每天准时派训练过的狗到附近的报亭中去取报。

美国著名的动物学家佛曼训练了一批野鸭，让它们把气象表和各种科学情报送到很远的地方去。这些野鸭还能将捆在爪子上的照片和稿件，安全送到报社。

上世纪末法国科学家捷伊纳克还利用蜜蜂和5千米以外的朋友保持通讯联系。他们互相交换了一些蜜蜂后，便将它们禁闭起来；需要传递信件时，就把写满字的小纸片粘在蜜蜂的背面，然后放飞。蜜蜂信使便向自己的"家"飞去。当它进入蜂房时，信件就被卡在蜂巢的入口处。

此外，水中的海豚、扁鱼也是忠实的信使，它们可以在水面或水下传递报刊、书信。

有些动物之所以能从事传递信息工作，是因人们利用其归巢的生活习性；而有些动物则要通过训练，让它们具备有条件反射能力，才能胜任信使工作。

△ 海豚

那么有些动物，比如鸽子，长途飞行为什么不会迷路呢？

有些科学家认为，鸽子两眼之间的突起，在长途飞行中能测量地球磁场的变化。有人把受过训练的20只鸽子，其中10只的翅膀装了小磁铁，另外10只装上铜片，放飞的结果是：装铜片的鸽子在2天内有8只回家，可是带磁铁的鸽子4天后只有1只回家，且显得精疲力竭。这说明小磁铁产生的磁场，影响了鸽子对地球磁场的判断，从而断定鸽子对飞行方向的判定的确与磁场有关，也有些科学家认为，鸽子之所以能感受纬度，因此不会迷路。更多科学家认为，鸽子能感受磁场和纬度，它们用这些感受来辨别方向。

科学家们不但对鸽子飞行为什么不迷路各持己见，而对其它动物长途跋涉不迷路也是众说纷纭，谁是谁非，有待科学家们进一步研究。

猛犸为什么会灭绝

大约在20万年前，地球就出现了猛犸，它曾经遍布北半球的北部地区，分布如此广阔的猛犸为什么灭绝了呢？真让人不可思议。

在前苏联西伯利亚北部的冻土层中，科学家们曾发现二十多具皮肉尚未腐烂的猛犸尸体。这些尸体在大自然的"冰库"里保存得相当完好：尸体肌肉的血管中充满血液，胃里还有青草、树枝等未消化的食物。经科学家考查证实，这些尸体已冰冻了1万多年。几十年前，国际地质学会在前苏联召开期间，许多国家的科学家还尝到了这已冻了1万多年的猛犸肉。据说味道虽不十分可口，却别有风味。

猛犸有着高而圆的头顶，上面长着一条长鼻子；有两颗向上弯曲的牙；背上有个高耸的肩峰；臀部向下塌，尾巴上还长着一丛毛；身长超过6米，体高超过4米。总之，外形与大象比较相似，因为它们与大象是一个家族的。

据科学家证实，大约在距今20万年前，最早的猛犸就出现在地球上。它们的足迹遍布北半球的北部地区，我国北部也有发现。特别是北冰洋的新西伯利亚群岛，更是猛犸的世界，人们在那儿发现许多猛犸牙。在西班牙的洞穴岩壁上，3万年前的古人就用红赭石画出猛犸轮廓图；在法国的洞穴岩壁上，也有1万年前的人雕刻的猛犸作品，直至距今约1万年前，猛犸才随着冰川的消退而消失。在严寒的西伯利亚地区，人们发现猛犸化石遗骸非常多，大约有2.5万余具。

猛犸为什么突然从地球上消失了呢？

有的科学家认为猛犸死于严寒。可能由于当时地壳上的两大板块发生猛烈的冲撞，导致火山爆发，一股高温热气直冲大气上层。这时，地球上立即出现前所未有的低温，然后在激变中沿地球两极盘旋而下，终于降落到较温

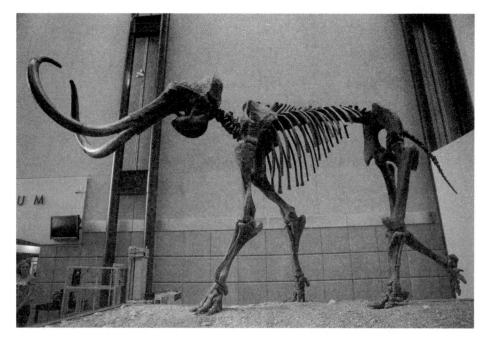

△ 猛犸象化石

暖的一层空气上。当它穿过暖气层的时候，就转变为极猛烈的狂风向地面高速刮来，使地面气温骤降，以致猛犸被冻死。

也有些科学家认为，北美古印第安人对猛犸的大肆捕杀才是它们灭绝的直接原因。他们在猛犸骨骼上发现有刀痕，用电子扫描显微镜分析证明，这刀痕是石制或骨制刀具砍杀所致，而不是猛犸间互相争斗的结果，更不是挖掘过程中造成的外损。他们说，古印第安人捕杀猛犸，除食其肉、用其皮外，还用其骨，因为猛犸的骨骼有类似玻璃的光泽，也许能把它作镜子用。

还有些科学家作这样的解释：那时候，大量彗星的尘埃进入地球大气上层空间，极大数量的太阳辐射能被尘埃折射回宇宙空间，导致了地球上最近一次冰期。海洋把热量传给陆地，引起真正的"冰雨"。这不过才几年的时间，却给猛犸带来了覆灭的灾难。

科学家们对猛犸的绝灭众说纷纭，到底谁是谁非，至今还是一个谜。

热带雨林中的绿毛怪物是什么动物

1897年，美国人汉斯和巴斯克斯来到西班牙，直奔陶兹伦多大森林。

这天，他们来到雷阿塞地区的一条山涧溪水旁，看见绿树红花，潺潺流水，不觉心旷神怡。走在前面的巴斯克斯望见不远处有一块绿茵茵的青草地，开心极了。于是他一个箭步跨上前去，同时回头招呼走在身后的汉斯："快点过来，这里有一块草地，很柔软，就像貂皮一样，还长着长毛哩！"

走在后面筋疲力尽的汉斯不信，抬眼望去，看见巴斯克斯已经直挺挺地躺在草地上，不禁打起精神，径直朝那块大约三四平方米的大绿毡子走去。汉斯正走着，突然，眼前那块绿茵茵的毡子猛地一下就被什么力量卷了起来，变成了一只从未见过的毛毡样动物。巴斯克斯被紧紧地裹在了中间，只露出脑袋来，身陷险境的巴斯克斯脸憋得通红，张着嘴猛地大喊救命。

见情况不妙，汉斯赶紧猛扑过去，谁知那绿色怪物裹挟着巴斯克斯，迅速跃入水中。站在岸上的汉斯心急如焚，又不敢跳下水去。因怕水里有更多的怪物出现，心有余悸的汉斯再也不敢停留，背起行囊失魂落魄而逃。回国后，他恐慌不安地向新闻界人士讲述了这次惨痛的冒险经历。

1937年，雷阿塞地区的一个猎人出门打猎，当他来到巴曼河上游时，看见水中漂着一节断木，约有5米长，粗细像水桶一般，奇怪的是，这根树木的周围有许多藻类样的绿色毛状物，它们在水里漂浮着，显得非常柔软。

好奇的猎人便捡来一根长杆，用长杆去挑水中的绿色物体。只见那绿色的树木顿时翻动起一阵阵水花，沉入水底，再也没有出现。回国后，猎人把自己打猎途中的所见讲给家人及邻居听，一时成为街谈巷议的趣闻。久而久之，人们渐渐淡忘了此事。

时间一晃就是半个世纪。到了1989年，雷阿塞地区发生了一起警察捉拿犯人的追杀事件。就在紧急的追捕中，曾经一度被人们遗忘的绿色怪物再次出现在人们面前。

当时，西班牙籍的国际贩毒头目哈沙勒在纽约被美国警方盯上。有名的国际反毒组织铁手警官约翰·科恩及其助手佩克负责监视并抓捕毒犯，进而捣毁他背后庞大的制毒集团。

1989年4月，哈沙勒离开美国，回到西班牙。科恩和佩克尾随而至，然而尽管他们用尽心思再三乔装打扮，还是被狡猾的哈沙勒觉察了。4月25日，哈沙勒伙同毒贩与科恩及助手还有西班牙警队发生了一场激烈的枪战。第二天，哈沙勒仓皇逃往陶兹伦多大森林，科恩等人也尾随而至。

在上司顺藤摸瓜摧毁贩毒制毒窝点的办案原则下，科恩等人不敢打死哈沙勒，然而案情已进入迫在眉睫之境地，哈沙勒已经进入茫无边际的大森林，如果再任他跑远，就会像泥牛入海一样无法追踪。

考虑再三，科恩等人最终决定先擒住犯人，再让他说出制毒窝点，方案既定，科恩、佩克及其他警员迅速向哈沙勒靠拢。

当哈沙勒逃到巴曼河时，被紧追而来的科恩等人团团围住，谁知即将落网的哈沙勒却异常镇静，待科恩正要上前铐他时，突然，"嗖嗖"几声，一串子弹以迅雷不及掩耳之势从河对岸的森林里射来，机警的科恩就势拉住哈沙勒往地上一滚，牢牢地铐住了他。

科恩抬起头，只见巴曼河上平静如初，除他们以外并没有任何人的踪迹。然而正在此时，随着一阵凄厉的救命声，一个血肉模糊的人跟跟踉踉地从河岸边的森林里奔出来，不久便栽到河里去了。科恩见此情景，顿时惊惧起来："是森林怪物在抓人啦。"

科恩和佩克押着哈沙勒小心翼翼地走进森林，他们断定那人一定与制毒基地有关。进入丛林后，他们看见的只有一摊摊殷红的血迹和几支枪械。科恩环顾四周，阴森森的大森林弥漫着一种恐怖气氛，令人不寒而栗，便和佩克押着哈沙勒准备往回走。幽静的大森林里只有科恩等人的脚步声在回响。

忽然，"哗"地一声，一个草状物体从树上落下来，正好罩在科恩的上方，眼疾手快的科恩急忙闪身，但已经来不及了，他的双脚被柔软的绿草包住，并火速向他的上身扩展，科恩大叫佩克朝他开枪射击，佩克只好对准绿草向科恩的脚部射击，随着几声枪响，蓬草慢慢卷曲起来，终于掉在地上，变成一个毛绒绒的绿球，飞快地从草地上滚走了。佩克仍不肯罢休，对着逃之夭夭的绿草又连射几枪，受伤后的蓬草仍然拼命地逃窜。

这时，哈沙勒趁科恩他们对付蓬草的机会，使劲儿撞倒科恩撒腿就跑，佩克见状紧追不舍，一阵狂奔之后，哈沙勒终于逃出郁郁葱葱的大森林，来到一片空旷的原野。随后赶来的佩克举枪向毫无遮掩的哈沙勒射击。子弹击中了哈沙勒的腿部。剧烈的疼痛使哈沙勒跪倒在地，只能束手待毙了。然而就在佩克刚跑出几步，准备生擒逃犯时，哈沙勒却在转瞬间消失了，佩克急中生智，赶紧向前方跑去。猛然间看见一个绿色的毛状大包裹飞快地朝森林滚去。同时，听见哈沙勒闷声闷气的声音在里面惨叫："快救我。"

佩克恍然大悟，是怪物裹挟了哈沙勒，他随即对准绿色大包裹开了两枪，然而那包裹滚动得飞快，转眼就看不见踪影了。

佩克找到科恩，为他脱掉裤子查看受伤的腿部，赫然看到科恩的两条腿全成了炭黑色。在黑黝黝的皮肤上，一个个小红斑点像被针扎过一样。佩克将科恩背出一望无际的大森林，途中恰与那位老猎人不期而遇。老猎人告诉他们：科恩是被绿毛怪咬了，绿毛怪有许多张嘴。它会缠住人死死不放，直到把人憋死为止，科恩只是受了轻伤，过几天就会康复的。

除此之外，一支西班牙生物考察队也曾在巴曼河的源头看见一头绿毛怪，它长有一个扁平的脑袋和一对窄长的眼睛，在水里漂浮着，一旦发现了人，在力不付敌时便会立即卷曲成一团，迅速沉入水中逃匿。这支考察队认为：绿毛怪是一种两栖动物，并不是食人动物。另有一些专家认为，绿毛怪可能是动植两类物种，就像冬虫夏草一样。更有人认为它是某种动物身上附有的一种绿色植物保护色。

关于绿毛怪的说法，众说纷纭，但在没捉到实物之前，这些都仅仅是一些推测。迄今为止，人们尚未捕获到这种浑身毛茸茸的绿色动物，因而也无法揭开绿色怪物之谜。

鲨鱼救人之谜

众所周知，鲨鱼是海洋中凶猛残忍的鱼，古往今来，在鲨鱼口中丧生的人不计其数。然而却有消息说，鲨鱼曾在海里救过人。被救的罗莎琳，是美国人。

1985年，她是佛罗里达州立大学教育系的学生。这年圣诞节假期，她和另外两名同学相约到南太平洋斐济岛旅游。一天，她所乘的渡轮漏水，许多人挤上一个小艇。当看见一线陆地时，罗莎琳穿着救生衣率先跳入水中，向陆地游去。由于海中风浪太大，她只好抓住一块木板随波逐流。

这时，有一条2米多长的鲨鱼冲了过来，用尖利的牙齿把她的救生衣撕得粉碎，然后围着她团团转。突然，又一条鲨鱼从她身下钻了出来，在她身边上蹿下跳。罗莎琳吓坏了。但是结局决不是她当时想象的那样悲惨，两条鲨鱼竟一边一条地把她夹在中间，并用头推着她前进。天亮时，她又发现周围有四五条不怀好意的鲨鱼，每当这些鲨鱼冲过来要吃她时，两个"保镖"便冲出去把它们赶走，奋不顾身地保护她。直到当天黄昏时，罗莎琳才被救援的直升飞机救走。她向下看，两条救命的鲨鱼已无影无踪了。

罗莎琳在医院里得知，这一带是鲨鱼出没的海域，跟她一起跳下水的其他人早已葬身鱼腹。她的奇异遭遇，给生物界留下一个谜：水中恶魔怎会怀有"菩萨心肠"，不吃人反而救人呢？

鲨鱼神秘"第六感"之谜

研究表明，鲨鱼可以感知极其微弱的电场，比如动物细胞接触海水时产生的电场，但人们并不知道它们如何运用这一独特的能力。

20世纪70年代以前，科学家根本想不到鲨鱼拥有这样神奇的能力。但今天，我们已经知道这种电场可以帮助鲨鱼寻找食物。即便鲨鱼身处混浊的水域，周围一片漆黑，或者猎物藏在泥沙之下，无法使用常用的5种知觉（视觉、嗅觉、味觉、触觉和听觉）进行追踪，"第六感"仍能保证鲨鱼不至于挨饿。

在鲨鱼的嘴边，分布着一些小孔。尽管科学家在17世纪就知道了小孔的结构，但它究竟有什么功能？在此后的二百多年里，这一直是个谜。直到19世纪，科学家借助显微镜才揭开了"小孔之谜"的一角。

故事要从1678年说起。当时，意大利解剖学家斯特凡诺·洛伦齐尼发现，鲨鱼和鳐鱼的头部前端散布着很多小孔，看起来就像长得乱七八糟的胡茬儿。他注意到，这些小孔集中在鲨鱼嘴的周围，拨开小孔四周的皮肤就会发现，每个小孔和一根长长的透明导管相连，其中充满了晶状胶体。有的导管小而细，有的则长达几英寸，两三毫米粗。洛伦齐尼还发现，这些导管最终汇集到鲨鱼头部深处的几大块透明胶状物里面。有些人认为，这些小孔可能起着分泌黏液的作用，鲨鱼身上的那一层黏液便来源于此。洛伦齐尼否定了这种观点。他认为小孔的功能没有这么简单，肯定具有一些人们尚不知道的作用。在此后的二百多年里，科学家穷尽所能，依然没能揭开这些小孔的秘密。

19世纪中期，科学家开始研究鱼类的身体侧线的功能。正是在该研究的启发下，鲨鱼嘴边小孔的功能才初见端倪。鱼侧线和洛伦齐尼发现的"孔—

△ 鲨鱼

管"系统结构类似，位于许多种鱼类和两栖类动物身体两侧，从鳃延伸到尾部，能感知水的流速。它由鱼鳞上一排特殊的孔组成，每个孔都与表皮下的一根纵向导管相连。在导管的隆起部分，一种特殊的感觉细胞——毛细胞又将一些纤细的刷状突起（或称纤毛）伸进导管。这样一来，只要水流有轻微的变化，就会使大量纤毛弯曲，就像微风吹过麦田，掀起一阵麦浪。弯曲的纤毛触发神经冲动，将水流的方向和速度"告知"大脑。在我们的耳蜗中，至今仍保留着由侧线演化而来的结构。

19世纪末，利用最新改良的显微镜，科学家直接观察了鲨鱼嘴边的小孔，结果在小孔下方发现了非同寻常的球囊状结构。与小孔相连的每根导管，末端都探入一个球囊之中，一根细小的神经纤维则从球囊伸出，汇入与前侧线相连的神经分支。这些神经纤维到达头骨基部后，从脊髓的背侧面进入大脑——这正是神经向大脑传送感觉信息的通道。科学家猜测，这个球囊应该是某种感觉器官。他们还发现，在每个球囊里，都有一个很小的毛细胞，和人类内耳中以及鱼类侧线系统里的毛细胞类似，然而这些毛细胞究竟被用于感受何种外界刺激，当时还不得而知。

哪些动物最"钟情"

在人类社会中，一夫一妻制很普遍，但在广大的动物王国却是一件稀奇事。大约5000种哺乳动物中，只有3%～5%的动物物种夫妻会白头偕老一生。这些动物包括海狸、水獭、狼、一些蝙蝠和狐狸，还有几种有蹄动物。即使白头偕老的动物，它们有时也会越轨，像狐狸，如果它们的老伴死亡或不再有性能力时，它们会偶尔花点时间找新伴侣。动物一夫一妻制为何如此稀少呢？

科学家最新研究发现，动物王国有3种类型的一夫一妻制：性生活一夫一妻制是指一次只与一个配偶发生性关系；社交一夫一妻制是指当动物组成夫妻并抚育后代的同时，还会有一时的纵情欢乐，用现代的话来说，就是找第三者；遗传基因一夫一妻制是指在基因测试时，一位妈妈的孩子们都是由同一位父亲所生。

对人类来说，社交一夫一妻制与性生活一夫一妻制通常是共同的，但动物不是如此。比如，大约90%的鸟是社交一夫一妻制，共同生活和培育后代，但许多鸟频繁地与其它异性交配。一项著名的试验发现，雌黑鸟与无生育能力的雄性配对后居然还能孵出小鸟。

动物一夫一妻制为何如此稀少的具体原因目前还不清楚，不过美国生活科学网归纳了动物王国十大经典的一夫一妻制。

橙黄金蛛为爱献身：

许多种类的蜘蛛在交配时或交配后，雄蜘蛛都会被雌蜘蛛吃掉。雄性橙黄金蛛在交配时愿意牺牲自己，但它会让它的交配附属肢体之一留在雌蜘蛛体内，以防止它与别的雄性交配，就像中世纪妇女使用的贞操带一样。

田鼠只钟情于"处女"：

这种像老鼠似的大草原田鼠坚持只与处女交配，对其它雌性看都不看一眼，甚至还会攻击那些水性杨花的雌性。它们的忠诚接近于狂热。为解释这种行为，科学家跟踪它们大脑中的荷尔蒙变化，结果发现荷尔蒙触发了这种持久的结合，并加大了对潜在的家庭插足者的攻击性。

△ 两只天鹅一旦结尾夫妻，便终生相伴

窄头双髻鲨只有一个父亲：

这种小型锤头似的鲨鱼，其雌性曾被认为与多个雄性交配，贮存它们的精子以备后用。因此科学家由此假设，一窝小鲨鱼可能有几个不同的父亲。但研究结果令人大为吃惊，原来大多数小鲨鱼都拥有同一个父亲。此发现表明，雌鲨鱼要么只与一个雄性交配，要么与多个雄性交配，但只有一个雄性的精子胜过了其它对手。

赤背蛛螈是"夫管严"：

雄性赤背蛛螈如果怀疑配偶有失贞洁，甚至只是与别的雄性有过交往时，它们就会暴跳如雷，对雌性进行身体和性的摧残。但喜欢卖弄风情的雌性赤背蛛螈已经习惯了，研究显示它们会熟练地逃避好斗的伴侣，做一位社交一夫一妻制的雌性。

柯氏犬羚杜绝乱伦：

不像非洲大多数一夫一妻制的哺乳动物，这种雄性矮羚羊只会与没有血缘关系的雌性交配，也就是说不会和自己的姐妹们交配，以免背上乱伦的坏名声。

黑兀鹰严打婚外情：

△ 狼对对方忠诚

黑兀鹰非常严格地执行一夫一妻制：如果抓到了夫妻中的一位与其它鸟寻欢做爱，那么，对方不仅不和它交配，这一区域的其他黑兀鹰都会唾弃它。

企鹅殉情自杀：

企鹅的"夫妻"生活可以说是无可挑剔的"一夫一妻制"，在它们中间绝没有任何妻子红杏出墙或丈夫寻花问柳的风流韵事发生。这些不能飞的南极鸟恩恩爱爱，生儿育女。当一方死去后，另一方会痛不欲生，有的甚至会殉情自杀。不过，它们只在一个交配季节共同待在一起，过了交配季节，它们通常会转换伴侣。

琵琶鱼雌雄水乳交融：

这种深海鱼执行一夫一妻制达到一个全新的标准。当交配时，雄性琵琶鱼咬住其雌性配偶的一块肉，以附着在它的身体上。雄性琵琶鱼的嘴巴与雌性琵琶鱼的皮肤结合在一起，它们的血液彼此融合。这时，雄性就会退化，直到它仅仅成为雌性的精子来源。雌性通常一下就有多个雄性附着在她身体上。

狼阶段性感情专一：

狼的一生可能有多个配偶，但一次只与一个配偶交配。母狼会专一地与一只公狼交配，但如果它的配偶死了，就会找新的伴侣。如果公狼受伤或病得太厉害，不能生孩子了，母狼就会开除它的丈夫资格。

白头海雕忠贞不渝：

白头海雕是一夫一妻制，且彼此保持忠诚，直到一方死去。最近研究来自其它同类物种羽毛上的DNA表明，在食肉鸟中一夫一妻制很规范。

恐龙在自贡 "集体死亡" 之谜

20世纪70年代初，地质部第二地质大队科技人员黄建国等人在黄昏散步时，在四川自贡大山铺的公路旁裸露的岩石层中发现有一处生物化石，这就是恐龙化石。从此以后，中国考古专家云集这片丘陵僻壤，从这块恐龙化石发现了连绵大片的化石脉，因此认定此地必是化石宝库。

1977年10月，第一具四十吨重的完整的恐龙化石展现在目瞪口呆的人们面前。两年后，一个石油作业队在附近山坡炸石修建停车场时，"炸"出了一幅惊心动魄的景象：恐龙化石重重叠叠堆积一片……世界奇观出现了，这是一座巨大的恐龙群族 "殉葬地"。

初步发掘后，在大山铺出土恐龙化三百多箱、恐龙个体二百多个，比较完整的骨架十八具，极其难得的头骨四个。这些珍品自然引起国内外科学家们的浓厚兴趣，纷纷赶来进行实地研究，希望能解开恐龙生死存亡的千古之谜。

从被人们比喻为裂石洞口的正门迈入，就像跨进了亿万年前的龙宫群窟。埋藏厅现场展现了半个足球场大的化石发掘地，这仅是约一万七千平方米化石埋藏面积不足六分之一的部分。凭栏俯瞰，交相横陈的化石堆十分壮观。恐龙非正常死亡的景象，酷似惨遭杀戮与被活埋的 "万龙坑"。现已从这里采集到较完整的恐龙骨架三十来具和数以百计的生物化石，近二十个种属。

据测算，这些恐龙是在一点六亿年前就被埋藏在地层里，在缺氧条件下，经泥沙、岩石的固结、充填、置换等石化作用，而形成现在所见到的化石。那么，是什么原因使恐龙集体死亡于此呢？

有学者认为，大约在七千万年前的白垩纪末期，地球又发生了一次强烈的地壳活动（燕山运动）。四川盆地继续隆起，浅丘开始出现，水枯林竭。从海水中隆起的四川盆地形成了得天独厚的自然环境，幸而自贡地区是一个大汇水池，于是恐龙漂集于此，直至死亡。

也有人认为，在白垩纪末期，整个地球发生广泛性寒冷，日夜温差增大，季节出现。习惯热带环境的恐龙，不能像蛇、蜥那样进行冬眠，又不能像毛皮动物那样躲进山洞避寒，因而这些地球霸王们受到了大自然的酷寒"惩处。"

关于恐龙在此"集体死亡"的原因说法甚多，比如有人认为是天外一颗超行星爆炸后，其强光和巨大宇宙射线引起恐龙的遗传基因突变而致灭绝。还有一种理论认为，是一颗小行星撞入地球的大海之中，造成海水升温，并掀起五千米高的巨浪，使恐龙被埋入泥沙之中。另有专家认为，大山铺恐龙化石里砷含量过多，可能是恐龙吃了有毒的植物而暴死并堆积在一起。

从大山铺恐龙化石来看，恐龙并非都是庞然大物。此地当时有长二十米、重四十吨的"蜀龙"，也有仅1.4米，长0.7米高的鸟脚龙。它们无论大小，都不显得笨重，而且精力旺盛，行动敏捷。

恐龙的智力也比较发达：剑龙类的脑智商平均值为0.56；角龙类为0.8左右；属肉食性的霸王龙和恐爪龙则超过了5，这恐怕是因为它们要捕食素食性恐龙，没有较高的智力是不行的。尽管恐龙的体温比现代哺乳动物要低一些，调温机制要差些，但它们不冬眠，没有羽毛，活动速度超过每小时3英里。所以科学家们认为它们是热血动物，而不是像蛇、蜥蜴一样的冷血动物。

自贡恐龙化石的发现，在国际上反响很大。美国地质和古生物学术代表团的专家们，在考察大山铺恐龙化石群后说："这是近十年来世界恐龙发掘史上最大的收获。"他们称中国是"恐龙财主"。尽管自贡市富有恐龙遗体却永远不会有活恐龙存在了！因为这里的山丘，不再有恐龙生存的场所，而只是一个埋葬一点六亿年前恐龙遗体的坟墓，而其中的奥秘至今还没有人解得开。

为什么错鄂湖生存着许多珍禽异鸟

在念青唐古拉山脉北麓、羌塘高原南部边缘湖盆区，有一个淡水湖叫错鄂湖，湖里有个鸟岛，海拔约四千六百米左右。四周天高水阔，僻静悠远，没有各种野兽的骚扰，湖内有无数的鱼类等水生动物，湖边花草繁盛。每年春暖花开、冰雪融化时，成千上万只鸟便汇集到这里，欢歌雀跃，生儿育女，栖息觅食。常见有羽衣绚丽的赤麻鸭、嗷嗷嘴的翘鼻麻鸭、黑脸白翅的鱼鸥、红嘴红脚棕头棕脸美丽又机灵的棕头鸥，以及捕鱼能手鸬鹚等鸟类。成群的鸟儿冲向天空遮天蔽日，似朵朵彩云，这里是鸟儿斑斓绚丽的世界。

对人来说，它们过着谜一般的生活。能够生活在那样高寒的地带，错鄂湖的众多鸟类必然有其特殊的生理特性，使它们在艰苦的环境中坚强地生存下来，这些生理特征目前正是我们人类正在研究的课题。

在这一方极乐的世界里，鸟儿们各自的生活方式十分有趣，每当气温回升，鸟儿们从远处归来后，都在繁忙地为生儿育女做准备工作。斑头雁日夜不停地辛勤劳动，每天飞行很远的地方叼回一根根枯草、树枝筑巢。棕头鸥则因陋就简，就地取材，做一些简单的巢。鸬鹚却不安分守己，经常偷摸其它鸟类辛勤劳动得来的成果。它们在家庭内有分工，雄的外出找材料，雌的在家修筑，有时个别偷奸耍滑的鸬鹚，乘别人外出，就拆人家巢上的材料，当然它们不在家时自己的窝也可能遭到同样的命运。

这里的鸟儿为了繁衍自己的后代，十分辛苦，虽然高原气候恶劣，但它们还是坚韧地忍受着这里时风时雨的恶劣气候。它们为了生存，在同种族内往往是群居，但各自组成小家庭。棕头鸥筑巢遍布全岛，几乎无插足之地，斑头雁巢混杂在东西两侧的棕头鸥巢群中，鸬鹚则建巢于较大的岩石下，秋沙鸭建巢于岸边浅水中。最忠诚爱情的是斑头雁，在来岛前它们已结为"夫

△ 错鄂湖鸟岛

妻"，感情深厚，形影不离，清晨在湖边，它们一起梳妆打扮，蓝天上，它们比翼飞翔；碧波里，它们并肩荡游；劳动中，互相帮助；休息时，相依相偎。一旦伴侣死亡，便终身不娶不嫁，过着孑然一身、形影相吊的生活。

黑颈鹤，藏语译音为"宗宗"，西藏广大群众十分喜爱它，视它为吉祥之鸟。它是中国的特产，也是世界上十五种鹤类中唯一生存高原的鹤。由于它所要求的生活条件特殊，种群繁殖率低，防御敌害能力差，目前在世界上已被认为是十分稀少的珍禽。国际鸟类红皮书和濒危物种国际贸易公约都把它列为急需拯救的濒危物种。

为此，国家专门在申扎建立了自然保护区，保护黑颈鹤的繁殖地。区内坡度平缓，湖滨平原开阔，河流、湖泊、沼泽密布，互相串通，形成了一个封闭的内陆湖。由于有群山环绕，构造成湖盆地带，因而在局部地区出现相对温暖湿润的小气候环境。在这里，黑颈鹤是如何生存的呢？

河湖边沼泽地带是黑颈鹤做巢和避敌的好地方。沼泽内的水生植物如红线草，黄花水毛茛也是黑颈鹤的食物之一。依赖沼泽水域繁殖的黑颈鹤，体形非常高大，一般体重五至七公斤。颈、尾、初级和次级飞羽均为黑色，体羽灰白色，头顶少有点绒毛，呈朱红色。它体态优美，性情温雅，举止庄重，抬头昂立时几乎与人齐高，舞姿潇洒飘逸，惹人喜爱。它们一般数十只成一群，活动在海拔三千五百米至五千米的高原区，每年冬季在藏南拉萨河年楚河一带，常栖于宽阔的河滩、河湾、卵石滩浅水处，有时沿江河上下飞行，常听到它们"果、果"的鸣声。

黑颈鹤是一种候鸟，每年三月它们就从西藏南部迁往北部申扎保护区或羌塘"无人区"。一会儿排成"人"字，一会儿排成"V"字或"一"字形的队伍，兼程前进。飞行时头颈伸向前方，两脚伸在后面，有节奏地挥动双翼，姿态十分优美，边飞边发出"果、果"的鸣声，十分嘹亮动听。四月份到达北部栖息地。它们一般早晨徜徉浅滩、结群觅食，常以水生动、植物和蛙类、昆虫为选食的对象。由几只鹤担任警戒，其余的有的啄食，有的用嘴梳理羽毛，有的用一脚站地，另一只脚缩在腹部，有的干脆把头埋在腋窝里睡觉。如果发生意外，担任警戒的鸟发出鸣叫，顷刻间全部腾空而起，不一会儿，又安详地降落在另一处。

一切表面的平静之下都蕴涵着不安。产卵后，面对高原多变的气候，为了让心爱的幼儿顺利出世，它们夫妻轮流孵卵。如发现敌害时，另一只黑颈鹤总是设法把敌害引开到离巢较远的地方。三十天左右，幼鹤破壳而出，刚出世的幼鹤浑身绒毛，茸茸可爱。一般一窝能孵出二个幼雏，但由于幼雏间的争斗和天敌的危害，幼鹤夭折率较高。据观察平均二至三对成鸟才能保存一只幼鸟。繁殖期间所需的食物主要是沼泽里的蛙类，鱼类、藻类的根茎，湖边的人参果和山坡上的西藏沙蜥等。黑颈鹤对这里的气候非常敏感，每到八月，成鸟带着幼鹤练习飞翔，尽快学好本领。高原九月大雪降临，成鸟领着已长成大鸟的幼鹤，离开申扎保护区，踏上征途，返回藏南。

保护区内还有其它珍贵稀有的野生动物，如雪豹、藏羚羊、西藏野驴、岩羊、藏原羚、猞猁、赤狐、藏狐、狼、棕熊、兔狲，以及藏雪鸡、斑头雁、赤麻鸭、猎隼、草原鹞，白尾海雕、草原雕、鸢，胡兀鹫等。在西藏还有很多像申扎一样人迹罕至的地方，人在这里是渺小的，只有大自然才是真正的帝王，面对它的博大精深，让我们心中充满了敬畏之情。

揭秘鳗鲶陆地捕食行为

鳗鲶与大多数鱼类一样都是通过将水吸入口中带入食物的方式进食的。然而生活在热带非洲加蓬及其他地区沼泽中的鳗鲶却有着与众不同之处。它们能够捕食到生活在陆地上的昆虫。

而这种鱼是如何做到这些的呢？它们将自己的脖子曲起来以便使嘴能够向下伸出，然后牢牢地抓住猎物——这种方法也许早在数亿年前，当它们首次从水中来到陆地觅食时就学会了。

该发现报告的撰写人、比利时的博士研究生山姆·凡·华生伯格说："对于鱼类而言，能做到这一点就是一个很大的进步了。"

凡·华生伯格先生是专门研究鱼类的进食机制的，他最初对这种鱼粗大的颚部肌肉非常感兴趣。他们将一些鱼的肚子破开，并对鱼胃里的食物内容进行研究才发现，里面竟然装满了甲虫。

于是，他们开始怀疑这种鳗鲶在空气中也能像在水中一样呼吸。并且尽管还没有关于它们上岸行为的报告，但他们还是猜测它能够到达陆地捕捉到这些甲虫。凡·华生伯格先生说："我相信这种动物主要是在夜间捕食，也正因为如此人们才不曾看到它们的行为的。"

不过研究者可以在实验室中观察到它们的行为。这种鱼没有鳍，它们扭动自己15英寸长的躯体上到岸边，昂起头，用长长的尾巴保持稳定，然后拱起脖子使嘴能够向下。它就是通过这种方式捕捉到地面上的昆虫的。

 蝴蝶之谜

蝴蝶，色彩绚丽，五彩斑斓。它飞舞于花间，体态轻盈，优雅多姿，把大自然点缀得更加和谐、美丽。自古以来它们就是文人墨客吟诗作画、艺术创作的绝好题材，是大自然赋予人类的艺术品，也是人类幸福、和平、吉祥的象征。人们喜爱它、研究它，并不断地探索着它们的生活奥秘。

美丽的蜕变：

科学家阿尔贝特·马格努斯称蝴蝶是"会飞的软体虫"。为什么称它为软体虫呢？这是因为蝴蝶的美丽是短暂的，它们一生中大部分时间都是丑陋的毛毛虫。

每个夏季一只蝴蝶产卵100～500个。幼虫刚孵出来唯一的事情就是大肆进食，它的胃口好得惊人，总是在不停地吃。直到有一天，肚子胀得再也吃不下东西时，它们就会寻找一个僻静处，耐心等待。过不了一两天，它背部的壳从头部裂开，从壳里便挣脱出一只个头更大的新生毛虫。这种蜕皮过程要反复5～7次，在最后一次蜕皮完成后，毛虫就变成了蛹。

变成蛹，还不是最终的蜕变。再过一段时日，透过蛹的外壳开始初现翅膀的轮廓和彩色的斑点。终于有一天，当清晨第一缕阳光照耀大地时，蛹壳上出现轻微的裂纹，接着便裂开，最先出来的是触角，然后是碧绿色的眼睛，美丽的精灵诞生了！新生的蝴蝶纤弱而又无助，但是经过一两个小时后，当翅膀变硬之后，它就能够展翅飞翔了。

奇妙的身体：

我们说蝴蝶是美丽的精灵，是因为每只蝴蝶身上都有一对艳丽的翅膀。不同蝴蝶的翅膀大小和色彩可能各异，但依然存在共同之处：翅膀一般都是4片，都覆盖有细小的彩色鳞片，就像屋顶的瓦片一样。一只体积大的蝴蝶上

△ 美丽的蝴蝶

有上百万个鳞片，因而蝴蝶也被称作鳞翅目类昆虫。

蝴蝶的另一个突出特征是长着一个软喙。软喙平时是卷曲起来的，只有吃东西时才打开。蝴蝶没有舌头，那么它的味觉器官在哪里呢？在脚上。别看这个"舌头"的位置很特别，对于蝴蝶来说却很实用。它的这个"舌头"比人的舌头要敏感2000倍。只要它们的脚一碰到芳香的花粉或甜甜的浆液就能很快感觉出来，这时它的喙就会立即张开。蝴蝶喙的长度也是可以变化的。随着花萼深度变化，时短时长，最长能达到35厘米，如马达加斯加天蛾就是这样。

蝴蝶也有心脏，但不是在胸部，而在腹部。它血液的颜色也很特别，不是红的，而是绿的。这是因为蝴蝶的血液中不含血红蛋白，也不输送氧气，而是为细胞提供养料、各种激素和酶。

在我们看来，蝴蝶的飞行是那么轻盈而又美丽。其实蝴蝶要想使自己飞起来并不那么轻松，至少要使它的肌肉升温至30℃才能起飞。所以我们常常看到蝴蝶展开翅膀晒太阳，补充丢失的能量。

蝴蝶的呼吸系统也很特别，它们通过贯穿于整个身体的气管呼吸。位于胸部的两个孔和位于腹部的16个孔使气管获得空气。

气味的辨别：

著名的法国昆虫学家法布尔做过一个试验：一天晚上，他取一个椭圆形顶帽，把雌蛾置于其下，将帽子盖好，然后放在办公室里，并且把窗户打开。过了一段时间，从漆黑的花园里飞来一大群雄蛾，房中藏着个蛾美人，雄蛾是怎么知道的呢？法布尔很快就找到了答案——气味！它源于只相当于蝴蝶身体质量的1%的极微小的脑体，蝴蝶停在哪里，哪里就沾染上它的气味，这样的气味人是无法闻到的，只有蝴蝶能从几千种不同的气味中分辨出来。

学者们对昆虫这一奇异的能力进行了深入研究。最终发现，原来蝴蝶的嗅觉细胞位于触角上。其灵敏度简直难以置信，人若想闻到某种物质的气味，1立方米空气中最少要含有该物质的320个分子，而对蝴蝶来说1个就足够了。所以天蚕蛾可以根据气味寻找到8公里外的同伴，而有的蝴蝶甚至能找到11公里外的同伴。

真正的马拉松选手：

当年轻的达尔文在乘坐"贝格尔"号军舰进行环球旅行时，曾发现了令他震惊的一幕：有一次，在开阔的海面上，飞来庞大的一群陆生粉蝶，落满桅杆和横桁。它们休息了一会儿，就离开了"贝格尔"号，冒着危险，继续飞向远方。

其实对众多蝶类来说，这样跨海越洋的长途飞行是很平常的事。小苎麻赤蝶不在欧洲过冬，它的出生地是非洲的草原。白色蝶群从那里开始向北飞行3500公里，几乎到达北极。它们在路上产卵，卵变化为毛虫，然后长成蝶。当冬天临近时，一切从头开始，不过是向相反的方向，年轻的蝶群飞往非洲。

与别的飞行类昆虫相比，蝴蝶的飞行速度并不算快。它们逆风时速为7~14公里，顺风时速为30~50公里。但蝴蝶是真正的马拉松选手，它们可以飞越几千米，中途无须"加油"。因为还在身为毛虫的时候，它们就已储存好了全部能量。

迁徙的蝶群构成了一副壮观的图景。有一种粉蝶，它们的蝶群长可达20公里，宽50公里。每年冬天，这个庞大的群体从撒哈拉沙漠边缘出发，飞往扎伊尔。待它们抵达时，那里正好花香袭人，就等着蝶舞翩跹了。

为什么人类离不开植物

没有植物我们就不能生存。所有能使我们生存下去的能量都来自于太阳，但人类和其他动物不能直接利用这些能量。我们必须依靠其他有机体或生命形式来为我们做到这些。通过食用这些有机体，能量就被传递到处于食物链顶端的我们这里。

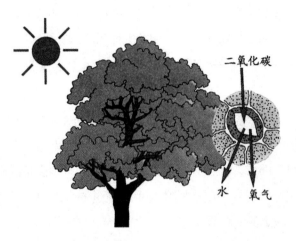

△ 植物光合作用示意图

生物从阳光中获取能量的过程叫做光合作用。大概有50万种有机体能进行光合作用，而它们全都是植物、藻类和某些类型的细菌。这些有机体将阳光变成我们生存所需要的分子，而我们得到这些重要分子的唯一方式就是或者食用这些植物，或者食用以这些植物为食的动物。

植物对我们非常重要也是因为当它们进行光合作用时能放出氧气，而氧气是几乎所有生命体生存所需要的，包括植物本身。

记住，人类和其他动物能存在的唯一原因就是植物在我们出现之前就已经使这个世界变得适合于我们生存了。

睡眠是我们人类生活中不可缺少的一部分。经过一天的工作或学习，人们只要美美地睡上一觉，疲劳的感觉就都消除了。动物也需要睡眠，甚至会睡上一个漫长的冬季。可现在说的是植物的睡眠，也许你就会感到新鲜和奇怪了。

其实，每逢晴朗的夜晚，我们只要细心观察周围的植物，就会发现一些植物已发生了奇妙的变化。比如公园中常见的合欢树，它的叶子由许多小羽片组合而成，在白天舒展而又平坦，可一到夜幕降临时，那无数小羽片就成对成对地折合关闭，好像被手碰撞过的含羞草叶子，全部合拢起来，这就是植物睡眠的典型现象。

有时候我们在野外还可以看见一种开着紫色小花、长着三片小叶的红三叶草，它们在白天有阳光时，每个叶柄上的三片小叶都舒展在空中，但到了傍晚，三片小叶就闭合在一起，垂下头来准备睡觉。花生也是一种爱睡觉的植物，它的叶子从傍晚开始，便慢慢地向上关闭，表示白天已经过去，它要睡觉了。以上只是一些常见的例子，会睡觉的植物还有很多很多，如酢浆草、白屈菜、含羞草、羊角豆……

不仅植物的叶子有睡眠要求，就连娇柔艳美的花朵也要睡眠。例如，在水面上绽放的睡莲花，每当旭日东升之际，它那美丽的花瓣就慢慢舒展开来，似乎刚从酣睡中苏醒，而当夕阳西下时，它又闭拢花瓣，重新进入睡眠状态。由于它这种"昼醒晚睡"的规律性特别明显，才因此得此芳名"睡莲"。

各种各样的花儿，睡眠的姿态也各不相同。蒲公英在入睡时，所有的花瓣都向上竖起来闭合，看上去好像一个黄色的鸡毛帚。胡萝卜的花则垂下头

△ 睡莲喜强光，通风良好，所以睡莲在晚上花朵会闭合，到早上又会张开

来，像正在打瞌睡的小老头。更有趣的是有些植物的花白天睡觉，夜晚开放，如晚香玉的花，不但在晚上盛开，而且格外芳香，以此来引诱夜间活动的蛾子来替它传授花粉。还有我们平时当蔬菜吃的瓠子，也是夜间开花，白天睡觉，所以人们称它为"夜开花"。

植物睡眠在植物生理学中被称为睡眠运动，它不仅是一种有趣的现象，而且还是一个科学之谜。

植物睡眠运动的本质正不断地被揭示。更有意思的是，科学家们发现，植物不仅在夜晚睡眠，而且竟与人一样也有午睡的习惯。小麦、甘薯、大豆、毛竹甚至树木，众多的植物都会午睡。

原来，植物的午睡是指中午大约11时至下午2时，叶子的气孔关闭，光合作用明显降低这一现象。这是科学家们在用精密仪器测定叶子的光合作用时观察出来的结果。科学家们认为，植物午睡主要是由于大气环境的干燥和火热。午睡是植物在长期进化过程中形成的一种抗衡干旱的本能，为的是减少水分散失，以利在不良环境下生存。

由于光合作用降低，午睡会使农作物减产，严重的可达三分之一，甚至更多。为了提高农作物产量，科学家们把减轻甚至避免植物午睡，作为一个重大课题来研究。

植物生长为什么靠太阳

俗话说："万物生长靠太阳。"为什么呢？因为在我们这个美丽的星球上，只有有阳光的地方才会生长着欣欣向荣的绿色植物，而在黑暗的角落，人们甚至连最低等的植物也很难找到。因此在一定程度上可以说，光决定着绿色植物在地球上的分布情况。阳光里到底有什么东西那么珍贵，那么令植物必不可缺？原来是因为太阳的光线中含有我们看不见的东西——能量。

绿色植物要生存、要繁衍，就必须进行新陈代谢，而要进行新陈代谢就必须利用能量，这个能量就是从自然界中最常见的、最普遍的太阳光中获得的。植物正是利用阳光提供的能量，来完成自然界中最伟大的合成作用——光合作用。

事实上，由于经过长期对生存环境的适应和进化，不同的植物对光的要求也不同。

有很多植物只有在较强的光照下才能健壮生长，在阴暗的地方则会发育不良、生长缓慢，这类植物人们叫做阳生植物。我们所见到的许多高大乔木都是阳生植物，例如松、杉、杨、柳、桦、槐等树木。它们为了获得充足的阳光照射，都努力向空中伸展身姿，接受阳光的洗礼。此外，一般的农作物也都是阳生植物，例如我国北方农民普遍种植的小麦、玉米、棉花等。阳生植物大多生长在空旷的地方，它们的枝叶一般较疏松，透光性比较好；植株的开花结实率也比较高，生长快。还有阳生植物的叶片质地较厚，叶面往往有角质层或蜡质层用来反射光线，以避免特强光线的损伤。它们的气孔通常小而密集，叶绿体个头小，但是数量很多。尤其有趣的是，阳生植物叶部的叶绿体在细胞中的位置是可以改变的！当光照过于强烈时，叶绿体就会排列在光线射来的平行方向，以减少强光的伤害；当光照较弱时，叶绿体的排列又可以与光线射来的方向成直角，以增强照射在叶绿体上的光照强度，进行有效的光合作用。你看，小小绿色的叶子也有着自己生存的智慧呢！

还有一些植物则喜欢生长在光线较弱的地方，它们在弱光下反而比在强光下生长发育得更好，对应于阳生植物，这样的植物就被人们叫做阴生植物。森林中高大树木下生长的许多草本植物、蕨类植物、药用植物（如三七、人参等）以及山毛榉、红豆杉等等，都是阴生植物。当然称它们为阴生植物，并不是说这类植物对光照的要求越弱越好，它们对弱光的要求也是有一个最低限度的。如果光照低于这个限度，这类植物也不会进行正常的生长和发育，所以阴生植物要求较弱的光照强度也仅仅是相对阳生植物而言的。阴生植物的叶片大都比较平展，叶的上部接收的阳光比较多，叶子上面的颜色较深。阴生植物的叶镶嵌现象特别明显，叶柄有长有短，叶形有大有小，每一片叶子都能充分利用空间，以便更充分地利用阳光。对于这些植物而言，如果光照过强，就会出现植株生长缓慢、叶片变黄、严重时叶子甚至会出现"灼斑"，影响这类植物的生存。因此在引种这类阴生植物时，如果环境光照较强，就必须采取遮蔽措施来减少植物受到的光照，保护植物顺利生长。

光照对植物的开花也有很重要的影响。科学家们认为，日照强度对植物的开花有决定性的影响。有些植物开花需要较长时间的日照，这样的植物叫做长日照植物，例如作物中的冬小麦、大麦、菠菜、油菜、甜菜、萝卜等；有些植物需要较短的日照长度才会开花，这样的植物类型叫做短日照植物，常见的这类植物有苍耳、牵牛、水稻、大豆、玉米、烟草等。

利用光对植物开花作用的机理，园艺师们就可以通过人为的延长或缩短日照时间，促使植物在我们需要的时间开花。举一个简单的小例子：大家经常见到的植物菊花是一种典型的短日照植物，一般都是在秋季（10月）才开花的。现在，人们经过人工处理（遮光成短日照），在六七月份也可以让菊花开出鲜艳的花朵来！如果人为的延长光照，还可以使花期延后，让我们在寒冷的春节欣赏到刚刚盛开的美丽菊花呢！

植物的生长方向之谜

　　植物对周围环境的反应，最奇妙的莫过于它的生长方向。比如向日葵总是围绕着太阳转。又如一粒小小的植物种子从萌发开始，它就知道：根部应该往地下生长，而茎干则伸向天空。这是一个极普通的现象，可植物为什么这样生长，要回答还真不容易呢。

　　向日葵，是人人熟悉的植物。清晨，当太阳从东方升起时，它会自然而然地迎着东升的旭日；当日落西山时，它又会转向西方，仿佛在欢送着太阳离去。

　　早在一百多年以前，英国著名生物学家达尔文，就对向日葵围绕太阳转的现象发生了兴趣。他很想知道其中的秘密，便做了一系列实验，其中有个实验很简单，但很能说明问题。

　　达尔文在房间里培育了花草，当幼苗从盆中破土而出后，都会朝着透光的窗子那边倾斜，很显然，光线对植物的生长方向大有关系。达尔文感到很奇怪，植物的向阳生长究竟受什么控制？

　　根据直觉，这种奇怪的东西可能在植株顶芽附近。于是，达尔文把幼苗的顶芽削去一块，结果情况完全变了，幼苗虽然还朝上长，但再也不会弯向太阳光方向了。这个实验使达尔文相信，在幼苗的顶端，肯定有一种神奇的物质在操纵植物的生长方向。很可惜，在当时的研究条件下，还没等达尔文发现这种物质，他就与世长辞了。

　　关于植物生长方向的研究，却一直也没有停止过，其他科学家仍在探索其中的奥秘。直到1926年，人们终于找到了这种神奇的物质。

　　发现者是美国的植物生理学家温特。他做了这样一个实验，就是将植物的胚芽鞘一面受光照，另一面对着无光的黑暗处，结果胚芽鞘的生长渐渐朝

△ 向日葵向着阳光生长

有光的方向弯曲。温特对胚芽鞘进行了特别处理，从中分离出一种新奇的化合物，取名为植物生长素。

生长素最大的作用是指挥植物生长。它在植物体中，根据所处的环境条件不同，如不同的光线、不同的温湿度、不同的地点等，及时"发布"命令，决定植物各个器官应该怎样生长，或者生长到什么程度最适宜。

由于生长素对光的反应很敏感，当胚芽鞘受到光照时它就聚集到阴面的一侧，这样生长素的增多和积累，就使阴面部分生长大大加快，而受光部分则由于缺少生长素而生长较缓慢，结果导致弯曲发生。温特断言，植物茎或叶片的弯曲，完全是因为生长素在组织内的不对称分布而造成的。

植物的向光性生长是由生长素控制的，那么它又是怎样懂得"上"和"下"的概念呢，又是由什么力量促使它选择根朝下、茎朝上的生长方向？科学家们首先想到的是重力，他们认为地球的引力肯定是影响植物生长方向的重要原因。

人们开始在宇宙空间站栽培植物。看看植物是否还知道"上"和"下"

的概念。从理论上说，在太空失重的环境下，再加上一天24小时都有充沛的阳光，植物生长的条件比地球上要优越得多。科学家期望，空间站能结出红枣一样大小的麦粒，西瓜般的茄子和辣椒。但最初的实验结果实在糟透了。

那是1975年在前苏联"礼炮—4"号宇宙飞船上，宇航员播下小麦种子后，一开始情况良好，小麦出芽比在地球上快得多，仅仅15天就长到30厘米长，虽然是不懂"上下"、没有方向目标地乱长，但终究是一个可喜现象。可是在这以后，情况越来越不妙，小麦不仅没抽穗结实，反而枝叶渐渐枯黄，显示出快要死亡的症状。

很显然，给植物生长造成麻烦的关键是失重。为什么植物对重力这么依恋呢？按照温特的生长素理论可以这样解释：长期生活在地球上的植物，形成了一种独特的生理功能，当它受到重力刺激时，在植物组织下部的生长素含量会大大增加，于是就使植物的根朝下生长。而茎则朝上生长。一旦失去了重力，生长素无法汇集在适合的部位，使幼茎找不到正确的生长方向，只能杂乱无章地向四下伸展，最终导致死亡。

如果解决了失重问题，是不是能使生长素回归到合适的位置呢？科学家决定进行更深入一步的实验。

要解决失重问题，最直接的方法是建立人工重力场，但要在小小的空间站用这个办法，实在很难行通。这时，有个名叫拉西克夫的前苏联生理学家提出一个建议，他说："电对整个生物界起着巨大的作用。在地球表面，每时每刻都通过植物的茎和叶，向大气发射一定量的电子流。这对植物营养成分和水的供应产生很大影响。另外，地球上的土壤和植物之间，存在着明显的电位差，有利于植物从土壤中吸收营养。在失重情况下，植物与土壤之间没有了电位差，也不再向空中发射电子流，所以就难以生存了。"

根据这个建议，科学家们设计了一种回转器，将葱头栽在回转器上，每两秒钟改变一次方向，也就是在两秒钟内，植物从正常状态（绿叶朝上）到反方向（绿叶朝下）。这就相当于在失重状态下。植物没有了"上"和"下"之分。回转器上的两个葱头，一个被通上电源，受到一定的电压刺激，另一个则不通电源。结果那个没接通电源的葱头，到了第四天，便出现叶子开始向四处分散的现象，杂乱无章；又过了2天，叶子出现枯黄萎缩，趋向于死亡。而另一个受电刺激的葱头，恰恰与它的伙伴相反，就像长在菜田中一样，绿油油的，显得挺拔而粗壮。

后来，科学家们将这两只葱头调换，不到一星期，奇迹发生了。那只快要死去的葱头，脱去了枯萎的叶片，重新长出新鲜绿叶；而原先充满生机的葱头，因为失去了电刺激，很快停止了生长，叶梢变得桔黄卷曲。

电刺激实验的成功，不仅给宇航员带来福音，使他们能吃到新鲜的蔬菜瓜果，同时也使科学家对植物生长方向受谁控制的问题，有了更深刻的了解。

正当大家都把注意力集中在植物生长素身上时，美国俄亥俄州州立大学的植物学家迈克·埃文斯，提出了一个崭新的理论。他认为，无机钙对于植物的生长方向起着举足轻重的作用。因为他在研究中发现，植物在弯曲生长过程中，无论是根冠下侧部位，还是芽的上侧部位，都存在着高含量的无机钙。那么，无机钙又是如何使植物辨别方向的呢？

埃文斯解释说，因为根冠内有极为丰富的含淀粉体的细胞，而淀粉体是一种贮存大量无机钙的场所，在重力的作用下，淀粉体会把内部的钙送到根冠下侧。这时，如果用特殊的实验手段去阻止钙的移动，植物马上会表现出不正常的生长方式。同样，植物的芽虽然没有冠部，但也含有丰富的淀粉体，淀粉体也能将内部的钙送到上侧细胞中。由于细胞的上端和下端之间，有不同的电荷，两端电荷的不一致引起细胞极化。结果大量被极化的细胞排列在一起，总电荷就很强，足以能吸引任何相反电荷的钙原子，驱使它们在体内移动，引导植物的茎干总是向上生长，根朝下生长。

由谁控制植物生长的方向，这种神奇的力量取决于什么，是植物生长素还是无机钙？或者是兼而有之，目前依然是一个有待于探索的谜。

植物争地盘之谜

植物是否会像动物一样争夺地盘以维持生存？对于这个问题，以往学者们都给予否定的回答。植物之所以不同于动物，是它既没有锐利的牙齿，也没有尖爪，不会运动，自生命诞生到死亡为止，总是固定在一个地方，它们何以能争夺地盘呢？如果能够的话，植物争夺地盘的机制是什么呢？

最近，美国佐治亚州立大学植物学家鲍德恩等人在美国西南部干燥平原上，发现了一种十分专横跋扈的山艾树，在其生长的地盘内"不许可"任何外来植物的存在，连一根杂草也不得共存。这些学者曾人为地在其地盘内种植一些其他植物，但前后都出现了莫名其妙的死亡结局，这是一个十分明显的植物之间争夺地盘的现象。从某种意义上讲，它比动物界争夺地盘有过之而无所不及。鲍德恩分析，这是因为山艾树会分泌出一种使其他植物置于死地的化学物质。据此，他们正在制造一种无害于环境安全的天然农药或除莠剂（即除草剂）。

那么，植物分泌置其它植物于死地的化学物质是否是它们争夺地盘的唯一机制呢？前苏联科学院植物研究所的索罗金娜等学者，又发现了一些新的现象。

在基洛夫州与乌德摩尔梯亚自治共和国内生长着两种云杉：一种是喜欢温暖，树干高大的欧洲云杉；另一种是善于耐寒、树干稍矮的西伯利亚云杉。应该说它们是松科云杉属树种的兄弟俩，但它们之间也会进行旷日持久的地盘争夺战。咄咄逼人的欧洲云杉不断将西伯利亚云杉赶出自己的领地，挤逼它们向寒冷的乌拉尔山脉方向撤退。根据古植物学的研究表明，几千年前最近一次冰河期间，这里占绝对多数的是西伯利亚云杉，而不是欧洲云杉。由此可以证实这场激烈的地盘争夺战已进行了几千年之久。但数量微弱的欧洲云杉最后却战胜了数量庞大的西伯利亚云杉就令人深思了。在这里用分泌化学物质来解释是没有说服力的，前苏联学者推测这场持久的地盘争夺战的机制是自然因素。因为冰河期结束之后，北半球的气候正在变暖，更适合于欧洲云杉的生长。据估计欧洲云杉还将争夺亚洲云杉的地盘，把战场扩大到亚洲去。当然现在还不能证实这种推测是否正确，因为目前毕竟尚未发现欧洲云杉和亚洲云杉的地盘争夺战。

但是，上述生长条件的自然因素论却又不能解释美国国内已造成严重后果的外来植物与土生土长植物之间的争夺战。最近几十年乃至19世纪以来，为美化环境美国大量引进外来植物。仅以佛罗里达州为例，最早在19世纪80年代，引进了南美洲的鳄草，如今全州运河、湖泊和水塘中土生土长的水草已全部灭绝，成了南美洲外来鳄草的一统天下，看来植物的地盘争夺战不仅表现在陆地上，也表现在水域里。以后又从澳大利亚引进了胡椒树和白干层树。原来，西棕榈海滩附近是土生土长泾草的世界，如今已"改朝换代"，成了澳大利亚白干层树的天下，泾草的地盘已丧失百分之八十，而且正以越来越快的速度败退。澳大利亚的胡椒树也抢占了佛罗里达州东南部的植被世界。佛罗里达州立大学布里特指出，如果没有人类的干预，这些外来引进植物会使全部土生土长的当地植物寸土不留地"全军覆灭"。植物学家尤厄尔惊呼，这种外来植物的地盘争夺战的胜利，已严重破坏了这里的生态环境，并将对这里的天然动物群带来致命的威胁。更有甚者，这种引进的白干层树与胡椒树，还会引起皮炎和呼吸道疾病，引起人们的变态反应。

现在这里的植物学家还没有办法对付这种外来引进植物地盘争夺战带来的严重后果，因为他们不了解这些不速之客在地盘争夺战中取胜的原因何在。如果讲，它们会分泌化学物质驱赶其他植物，何以在这些植物的故乡却不存在这种占明显优势的争夺战呢？如果讲，是生长条件的自然因素所造成的，这似乎更不合逻辑，因为从理论上说土生土长的植物应具备最佳的生长条件，而远隔万里的外来种，即使它们具有强大的适应性，但"强龙难斗地头蛇"。为了进一步阐明这些难以解释的理论问题，目前，各国的植物学家们正在更深入、更全面地探索植物之间互相争夺地盘的生理机制。

植物令人费解的"吐故纳新"之谜

　　我们常称动物的呼吸为"吐故纳新"，植物也会呼吸吗？当然。同动物一样，植物也要通过呼吸作用将植物体内的某些有机物质进行分解，释放出供给植物各项生理活动所需要的能量，并在此过程中合成新的生命物质。植物的呼吸作用根据需要氧的参与与否，可以分为有氧呼吸和无氧呼吸两大类，这是与动物的呼吸不同的。

　　有氧呼吸，顾名思义就是需要氧气参与的呼吸作用，其主要特点是吸进氧气，氧化分解有机物而释放二氧化碳。

　　如何证明植物会做有氧呼吸呢？让我们来做一个小实验：随便摘几片叶子，把它们装到一个瓶子里面，然后将瓶子密封，并放到一个阴暗的地方。隔一夜以后，打开瓶塞，向里面倒一点澄清的石灰水，摇动几下，结果会怎么样呢？澄清的石灰水变得浑浊了。奇怪，这是什么原因呢？原来，澄清的石灰水里含有很多氢氧化钙，这种物质有个特点，只要遇到二氧化碳，它就会和二氧化碳起化学反应，并生成一种叫做碳酸钙的白色沉淀物，使石灰水变得混浊。这个现象说明，瓶子里面产生了许多二氧化碳，比大气中的比例大多了。如果我们再将一根燃烧的火柴伸到瓶子里面，火柴很快就熄灭了，这说明瓶子里面缺少了支持燃烧的物质——氧气。

　　这个小实验很简单，但足以证明植物的有氧呼吸是和动物一样吸收氧气、放出二氧化碳的。长期贮存菜或甘薯的地窖里，由于蔬菜或甘薯的呼吸作用，会使得地窖中的二氧化碳的浓度大大升高，氧气的浓度大大降低。如果人贸然进入地窖就会发生窒息晕倒，严重的还会导致死亡。因此在进入这些地方之前，要先用一支点燃的蜡烛或小灯放到地窖中试验一下，如果蜡烛或小灯很快就熄灭了，则千万不要进去，一定要通风一段时间以后，继续检验，没有问题再进入这些地方。

植物的另外一种呼吸作用就是无氧呼吸。无氧呼吸就是植物的细胞在无氧的条件下，把一些有机物分解为不彻底的氧化产物，同时释放出能量的过程。一般来说，高等植物的无氧呼吸都会产生一些酒精、乳酸等代谢物。比如苹果放的时间久了，内部果肉部分就会有酒味，这就是苹果因无氧呼吸产生酒精造成的。相类似的，马铃薯块茎、甜菜块根、胡萝卜和玉米胚等，在进行无氧呼吸后则会产生乳酸。

在无氧条件下，高等植物可以进行短期的无氧呼吸，以适应不利的环境条件，比如熬过水淹等灾害。但是如果植物缺氧时间过长，不但无氧呼吸所产生的酒精和乳酸会对植物体造成毒害，植物生长的能量也会供应不足，这将使得植物体内部的分解大于合成，导致植物因饥饿致死。所以，植物的无氧呼吸只是植物适应严酷的自然环境的权宜之计，有氧呼吸才是植物进行呼吸作用的主要方式。

我们通常所说的呼吸作用（包括有氧呼吸和无氧呼吸）在光下和暗处都能进行，人们通常称之为暗呼吸。20世纪60年代，科学家们发现，植物体内还存在着另外一种"呼吸作用"，这种呼吸作用只有在光照下才能进行，因此被形象地称为光呼吸。光呼吸现象在所有的高等植物中都存在，它把光合作用过程中产生的部分有机碳转变为二氧化碳，并把这些二氧化碳重新释放出去。光呼吸的存在在某种意义上来说是一种浪费，因为光呼吸整个反应的许多过程都是消耗能量的，而且它还能影响二氧化碳的固定速度。目前，光呼吸的作用机理已经被科学家搞明白了。原来，它主要是消耗了绿色植物叶片在光照下形成的乙醇酸这种物质。从乙醇酸的合成到乙醇酸被氧化，形成二氧化碳再释放出去，这是一个相当复杂的过程，这一系列反应是在三种细胞器中完成的，它们分别是叶绿体、过氧化物体以及线粒体。

通过科学方法的测定人们已经知道，光呼吸所释放出的二氧化碳大约占整个光合作用二氧化碳固定量的20～27％，也就是说它把光合作用所固定的四分之一左右的碳又变成了二氧化碳释放出去。植物做了极大的努力，将太阳光能转变为化学能，将二氧化碳合成为有机物，并将化学能储藏在有机物中。可是光呼吸却把植物辛辛苦苦积累的一部分能量和有机物浪费掉了，这是为什么呢？有些人认为，光呼吸可以保护叶绿体，使叶绿体免受强光的伤害，不过并没有充分的证据来证实，所以到目前为止，植物为什么会进行耗费能量的光呼吸还是一个令人费解的谜呢！

植物的呼吸作用是有热放出的，这是因为植物细胞分解有机物时，不能利用的多余能量就会以热的形式散发出来。如果把正在萌发的种子用棉布包起来进行隔温，那么，种子的温度就可以达到四十度以上，有许多种子也会因为温度太高而死亡。所以，刚刚收获的湿种子如果堆积在一起，就会因为温度升高而引起霉烂；新鲜的植株堆积在一起，时间较长时也会发生霉变；如果植株在晾干的过程中不彻底，植物体仍然有部分呼吸能力，那么在长期堆积在一起以后，内部的温度就会升高很多，严重的话甚至可以引起植株自然燃烧。

其实，我们的祖先很早就认识到了植物的呼吸作用带来的后果，并在生产、生活中采取了正确的措施。例如早稻在浸种催芽时要用温水淋种和时常翻新，目的就是控制温度和通风，使呼吸作用能够正常进行；稻田的晒田、作物的中耕松土、黏土的掺沙等耕作方法，可以改善土壤的通气条件，使根系得到充足的氧气进行呼吸；刚收获的植物种子要摊成薄层，快速晾干，以免种子因呼吸作用温度升高而引起霉烂……

现在，人们更是主动利用植物的呼吸作用，让它为人类的生产、生活服务。如在粮食贮藏期间，人们应用通风和密闭的方式，或者在密闭的粮仓中充入氮气，以抑制粮食的呼吸作用；在储藏蔬菜、果实的实践中，人们发明了一种叫做"自体保藏法"的储藏方法，在密闭的环境中，利用果实、蔬菜的呼吸作用放出的二氧化碳，使二氧化碳保持一个合适的浓度，从而抑制呼吸作用，从而延长贮藏时间……

我们能成为植物的"上帝"吗

　　随着人类对植物生活习性和生理机制的研究一步步深入，人类开始在一个新的水平上研究、培育和改变植物。

　　我们知道，绝大多数的植物是靠种子繁殖的，也有一部分植物靠孢子繁殖后代，或在人类的干预下靠枝条、根系的扦插进行无性繁殖。但是既然植物的每一个细胞中都含有完全的遗传密码，我们可不可以仅用植物的一个细胞就完成植物的繁殖呢？由于科学家哈布兰特在这方面的突出贡献，这个目标已经实现了。

　　哈布兰特指出，植物的细胞虽然和动物的细胞一样，在成熟后会分化成各种专门细胞，各司其职、分工合作，共同完成植物的一项项生命活动。但与动物细胞不同的是，植物分化后的细胞可以失去分化后的特征，重新转回到未分化细胞的状态，再转而分化成别的器官，甚至是一株完整的植株。例如：取自植物叶肉组织的细胞，就可以在适当的人工培养条件下失去分化的特征，形成没有分化的细胞组成的细胞团——愈伤组织，而愈伤组织细胞就可以通过人为的控制，再分化出根、茎、叶，形成新的植株，这就是植物组织培养技术。

　　随着科学家对矿质营养、植物激素等影响植物生长发育的各种因素认识的逐步加深，植物组织培养技术就像一个孩子一样慢慢长大，逐渐走向成熟。现在，在试管里加入适量的水、矿质营养、植物激素糖、固体支持物等，在无菌的条件下，将灭过菌的植物器官，如植物的根、茎、叶片、花粉等转接到试管里，一段时间以后，这块植物器官上就会长出许多愈伤组织或者小植株来。由于用这种方法培育成的小植株是在试管里长出来的，人们就把它们称为试管苗。又因为这种培养不是在土壤上进行的，所以又称为无土

△ 破译植物遗传密码，利用转基因技可以改变植物的生长

栽培。

　　利用组织培养技术发展起来的无土栽培技术有什么用处吗？有，用处可大啦！

　　首先，它能够优化植物的品质。我们知道，马铃薯是用块茎进行繁殖的，但是在用块茎繁殖的过程中，植株内会侵染一些病毒，这些病毒能使马铃薯块茎的个头逐渐减小，从而使得马铃薯的产量和品质大大下降。科学家们用无土栽培的方法对马铃薯进行了脱毒。脱毒后的种苗所结出的马铃薯个头要比没有脱毒的个头大得多，这样不但大大提高了马铃薯的产量，还大大提高了马铃薯的品质。当然，容易被病毒侵染的绝不止马铃薯一种植物，目前植株脱毒方法已经在草莓、葡萄、康乃馨等多种作物和花卉上获得了成功，并产生了明显的经济效益。

　　其次，用组织培养技术繁殖作物的最大的一个优点就是快速。因为这种技术使用植物的任何一个器官都可以繁殖，而不用等待植物经过漫长的生长期，开花结果后才能繁殖。因此只要有少量的植物植株，每年就能以数以千万计的速度进行繁殖，用于推广优良品种可以大大节省时间，尤其是对于一些繁殖系数比较低和不能用种子进行繁殖的名特优作物品种的繁殖，意义更显重大。早在20世纪60年代，我们的科学家就用无土栽培的方法快速繁殖兰花获得成功。随后，科学家们还快速繁殖了一批重要的、经济价值比较高的名特优作物的新品种，如甘蔗、花卉、菠萝、草莓、柑橘、苎麻等。从理论上讲，一棵植物植株就可以通过组织培养技术培育成为数以千万计的试管苗，每一个试管苗又可以培育出无数的小苗。依据此原理，一种现代技术和农业产业相结合的新型工业——试管苗工业就出现了。

再次，组织培养技术的另外一个突出贡献就是用它可以保存种子。自工业革命以来，由于人类活动的范围扩大和活动加剧，植物物种的灭绝呈现加速的态势，世界上种质资源日益枯竭，特别是那些不能生产种子进行繁殖的植物或者种子寿命短的植物尤为严重。近年来，科学家研究出用组织培养的方法低温保存种质。例如，我们把烟草、胡萝卜等植物的细胞，在-20~-196℃的低温下可以贮藏数月，而且细胞在合适的条件下仍能够恢复生长，再分化生成完整的植株。这种保存法所需要的容积小，几乎每一个细胞就相当于一粒种子。于是，人们就开始用组织培养的方法来保存和大量繁殖濒临灭绝的那些珍稀植物物种。

利用组织培养技术繁殖种苗还有一个很大的优点，那就是运输非常方便。利用组织培养所形成的种苗是放在试管里的，而一瓶试管苗可以随身带到任何人类能够到达的地方。你可不要小看这一瓶试管苗，它很有可能繁殖成为数以亿计的新的植株，长成一片茂密的森林呢！如果宇航员带着一些这样的试管苗，不但在路上可以利用植物制造氧气和食物，还能把一些合适的星球改造成我们需要的花园或农场呢！

植物组织培养育苗技术的进步，使得人类在繁殖植物时，在很大程度上不用依赖于植物自身的繁殖特性和繁殖周期了，但科学家们并不因此满足。随着遗传学向细胞和分子水平研究上的巨大进步，科学家们又在研究，人类能不能用改变植物遗传密码的方法来改良现有的植物品种、甚至创造全新的植物品种呢？经过几十年艰苦的研究，科学家们终于获得了初步的成功。我们知道，工程师们可以设计建造高楼大厦、海底隧道，可以设计制造汽车、飞机、火箭等，这些都是宏观的伟大工程。但是决定植物遗传性状的基因是DNA上的一个个片断，是非常小的，一般情况下是看不见和摸不到的，即使借助普通的光学显微镜也还是拿它没有办法，人们怎样才能做到对它们进行随意切割、缝合等改造呢？如果使用一般的工具，我们确实是没办法，但幸好，科学家们发现了大自然给我们预备的工具——能够切割和连接DNA片断的特殊的酶。

科学家在进行基因重组时用到的酶有两类：一类是存在于细菌细胞内的限制性内切酶，用于对DNA进行切割，是"手术刀"；另一类是用于连接DNA片断的DNA连接酶，是"针线"。

限制性内切酶有一个很大的特点，就是每一种酶只能识别DNA序列中的几个到十几个特定的碱基对。现在，已经发现的限制性内切酶已经超过了350种，这样利用不同的限制酶就可以对不同的DNA片断进行比较准确的切割了。在切割完之后，利用DNA连接酶就可以将限制性内切酶所切割的DNA片断再相互连接起来。有了"手术刀"和"针线"，分子生物学家们就可以随心所欲地将不同来源的DNA进行切割和再连接，一个个具有全新的遗传性状的物种就在人类的手中诞生了。

现在，我们已经可以将抗某种除草剂的基因转移到玉米中，使这种玉米能够抵抗某种高效的除草剂，而不会像普通玉米一样受到损害。美国孟山都公司的科学家们已经将烟草花叶病毒的某个基因转到了烟草中，从而获得了能抗这种病毒的烟草新品种，他们还用相同的方法获得了抗马铃薯X病毒和Y病毒的马铃薯新品种。国外已经把一种细菌的毒素蛋白基因转移到了烟草、番茄和棉花中，获得了抗鳞翅目昆虫的新品种，使得一些昆虫在吃了这些植物的叶子或者果实后就会中毒死亡……

这种用人工的方法把不同生物的决定某些性状的基因提取出来，在体外进行切割、重新搭配和再连接，然后再将连接好的基因转移到生物体内，让生物获得新的遗传特性组合，从而创造出新的生物类型的巨大工程叫做基因工程，所获得的新植物物种叫做转基因植物。

现在，基因工程中最引人注目的一个课题，就是如何将固氮菌中的固氮基因转移到有实用价值的菌种里，以便能利用细菌进行氮肥的工业生产，或将这些菌种释放到土壤中，使它们可以直接为农作物提供氮肥。在我国，科学家已经应用基因工程的方法培育出了高效固氮工程菌，给大豆接种以后，能够比普通的根瘤菌每公顷增产225千克左右，而且接种这种高效固氮工程菌的大豆在黑龙江已推广上万公顷。

我们知道，绿色植物可以利用光能，在叶绿体中进行光合作用，制造养料、营养自身。如果我们将植物体内控制光合作用的基因转移到猪、牛、羊等家畜中，培育出自己能进行光合作用的"叶绿体猪"、"叶绿体牛"、"叶绿体羊"等，那么这些家畜就可以自己制造营养物质，人们也就不必再为缺乏饲料而发愁了。

随着科学研究的不断深入，基因工程必将在工农业生产、医疗卫生、环境保护等方面发挥更加巨大的作用。但是，基因工程也遇到了许多困难，特别是基因工程产品的安全问题，已经引起了世界上各国环保部门的重视。由于人工合成的转基因植物并不是自然界原来固有的，基因工程在制造新物种的同时，也破坏了现有生物的遗传特性，它们对人或其它动物食用后的毒害作用、它们对自然界其它植物的影响还需要经过长期的检验才能被我们确切了解。为此许多国家已经制定了针对基因工程的专门法规，规定中强调凡是与哺乳动物和人有关的基因工程实验，都必须在严格的有防护的实验室中进行，所制造的任何基因工程产品或基因工程菌都必须经过严格的毒性实验，通过严格的审批以后，才能到实验室外进行实验和生产等。

在神话传说中，大地上的一切生物都是上帝创造的。上帝虽然创造了地球上的生物，但是他可以不负责任，因为他并不生活在这个地球上，地球上的灾难对他并没有切身的影响。现在，我们人类的科技发展已经到了能够左右和创造一些物种的程度，我们能够成为植物的"上帝"吗？恐怕不行。因为我们还不能像"上帝"一样到地球之外去生活，而且基因工程是一个非常复杂的过程，到目前为止，人们还不能完全控制这个过程。鉴于以上原因，我们应该用冷静的头脑来考虑基因工程的问题，绝不能头脑发热地去做什么"上帝"。

怎样把番茄催熟

如果你希望通过催熟方式给一只乏味的超市番茄带来一些香味，你可能是在浪费时间。因为不管你如何做，都不能使它拥有自然成熟的味道。

商店里的番茄是经过仔细的培育并挑选的果肉结实的番茄。即使你认为它太结

△ 番茄

实而且没有什么香味，可颜色却是红的，感觉就像它即将成熟了一样。

通常，番茄在室温下放置几天后就会变熟并变得有一些香味。储藏时应避免阳光照射，因为阳光直射会使番茄在还没成熟时就已变软，同时维生素A和维生素C也会流失。将番茄储藏在冰箱里，并保持温度低于10℃时，会更快地失去它们的香味和滋味。

如果你想让番茄成熟的更快些，这里有一个窍门你可以利用：把它们和香蕉或苹果一起放在一个纸袋里，当香蕉、苹果成熟时会释放出一种化学物质即乙烯，乙烯会刺激番茄成熟。

新摘的菠萝做不成果冻之谜

很简单，是酶破坏了你整个工作。菠萝中含有一种酶，叫做木瓜蛋白酶，它可以将蛋白质破坏成小碎片。而促使果冻成型的凝胶是木瓜蛋白酶最乐意分解的蛋白质，结果就导致果冻怎么也做不出来。可是为什么罐装菠萝就可以做呢？这是因为罐头的生产工序包括加热菠

△ 菠萝

萝，破坏了其中的木瓜蛋白酶。这样凝胶蛋白就不会被破坏，最终果冻会成功做成。

不要以为木瓜蛋白酶完全是一个麻烦。它破坏蛋白质的能力也让它用于嫩肉，因为肉的韧性是由连接的胶原蛋白造成的，而胶原蛋白也是一种蛋白质。另外，在新酿制的啤酒中的悬浮蛋白也可以用木瓜蛋白酶来清除。

所以不要用新鲜的猕猴桃、无花果或芒果来做果冻。那是不会做成功的，因为它们也含有木瓜蛋白酶。

在自然界里，我们经常看到动物吃植物的现象。例如羊啃青草，鸟儿寻找植物种子充饥，蚕吃桑叶，菜青虫把菜叶咬得百孔千疮，公园里的大熊猫最爱吃竹子，非洲大草原上的长颈鹿伸着脖子摘树叶吃等。

可一说世界上还有"吃"动物的植物，也就是食虫植物，就不免让人感到奇怪啦。其实，食虫植物在地球上分布挺广，主要在热带和亚热带地区，别的地方就少多了。据统计，全世界共有食虫植物五百种左右，我国约有三十多种。它们有的生长在酸性沼狸藻生长在池塘的静水里，因为它没有根，所以随水漂流。这种水草有1米长，叶子分裂得像丝一样。在它的茎上有很多扁圆形的小口袋，口袋的口上有个向里开的小盖子，盖子上长着绒毛，口袋里能分泌消化液。

一棵狸藻上有上千个小口袋，每个小口袋就是水中的一个小"陷阱"，在有狸藻分布的水里到处都是小"陷阱"，形成了一个"陷阱网"。如果水里的小虫进入这个"陷阱网"，想跑也跑不了。

游进陷阱网的小虫子，东碰西撞，只要碰上小口袋盖上的绒毛，小口袋盖就会往里张开，水便立刻流进口袋里，小虫也就随着水进了陷阱，小口袋跟着就盖上了。这时候。口袋的内壁分泌出消化液，把小虫消灭掉了。小口袋又恢复原来的样子，等待下一个"猎物"。

狸藻属于狸藻科，世界上约有250种，我国约有17种，全国各省都能见到，在北京颐和园的池塘里就可以找到它的踪迹。

这些植物"猎手"的感觉为什么特别灵敏，外界的刺激信息又是怎样在它们体内传递的呢，难道植物也有自己的神经系统吗，它的大脑在哪儿呢？但现在还没有一个圆满的解释，等待着你们去作深入的研究和探索。

植物情报以什么方式传递

　　许多动物能够以不同的方式向自己的同伴传递一些信息，以表达自己的意愿等，而"植物王国"里也有信息传送吗？如果有，它们又是靠什么来传递信息的呢？

　　美国华盛顿大学的两位研究人员，用柳树、赤杨和在短短几个星期内就能把整株树叶吃光的结网毛虫进行实验。他们把结网毛虫放在一棵树上，几天内发现树叶的化学成分有了某种程度的变化，特别是单宁含量有了明显的增加。当昆虫吃了这种树叶不易消化，于是失去了胃口，便另去别处寻找可口的佳肴，从而保护了树木自身。让人大吃一惊的是：当做实验的树木遭到虫害后，在65米距离以内，其它树木的叶子在2～3天内也发现有相类似的变化，单宁含量增加，味道变苦，以此来防御昆虫对它们的侵害。实验结果充分说明了植物之间是有信息联系的。

　　1986年，克鲁格国家公园里出现一件怪事。每年冬季，这里的捻角羚羊有不少都莫名其妙地死去，但与它共同生活在一个地方的长颈鹿却安然无恙。

　　原来，长颈鹿可以在公园范围内随意走来走去，长颈鹿可以到处挑选园内不同树木的叶子。而捻角羚羊则被圈养在围栏内，不得不限于吃生长在围栏内的树叶子。科学家还发现，长颈鹿仔细挑选它准备吃叶子的那棵树，通常从10棵枞树中选1棵。此外，它们还避开已经吃过的枞树后迎风方向的枞树。专家研究了死羚羊胃里的东西，发现死因是它们吃进去的树叶里单宁含量非常高，这种毒物损害动物的肚脏。在研究长颈鹿胃里的东西之后，他们发现，长颈鹿吃入的食物品种较多，所吃入的枞树叶的单宁浓度只有6%左右，而捻角羚羊胃里的单宁浓度高达15%。

△ 植物之间有传递"情报"的行为，已被人们所公认

　　为什么在同样一些枞树的叶子内，而在不同动物胃里单宁浓度不同呢？经研究，专家认为：枞树用分泌更多单宁的方法来保护自己以免遭到动物吞食。在研究中他们还发现：当枞树不止一次受到食草动物的侵袭时，枞树能向自己的同伴发出危险"警报"，让它们增加叶里的单宁含量。收到这一信息的树木在几分钟内就采取防御措施，使枞树叶子里的单宁含量迅速猛增。

　　植物之间有传递"情报"的行为，已被人们所公认，但它是如何传递的呢，它的"同伴"又是怎样接收到它的"情报"的呢？还需要专家们进一步科学研究才能得知。

冬虫夏草是怎么长成的

大千世界无奇不有，竟然有冬虫夏草这种植物，真是让人难以捉摸。

冬虫夏草，也叫"早草"，属于囊菌纲，麦角菌科植物，多产于我国四川、云南、甘肃、青海、西藏等地，在中医药中是味珍贵的药材。冬虫夏草，正像它的名字一样，形状很奇特：说它是动物，它的根又深扎在泥土里，头上还长着一根草；说它像植物，它的根部又是一条虫子，长有头和嘴，还有8对整齐的足。冬虫夏草这种怪模怪样的东西是如何形成的呢，到底是植物还是动物呢，为什么会生成这般怪模样呢？

原来，有一种叫做"蝙蝠蛾"的昆虫，在春天来临之际它便将虫卵产在土壤里，然后静静地死去。这虫卵在土壤里经过1个月的孵化，一条白胖白胖的幼虫便破土而出。有一种真菌即草虫已在此静候多时，一遇到这白胖鲜美的幼虫，便一股脑儿往幼虫体内钻，然后在里边吮吸着虫体内的营养，过着无忧无虑的寄生生活。冬天幼虫射在泥土中，由于体内的寄生菌大量繁殖，这虫子等不到爬出地面便死去了。等到气候温暖了，这种真菌便破土而出，在幼虫壳体的头部长出一根长约10厘米，顶端呈椭球体的棒。因此它才长出既像虫、又像草的这种怪模样。人们根据这副怪样子给它起了个"冬虫夏草"的怪名字。

冬虫夏草，长得虽然古怪，但它在医药界中用途很大。对补肺益肾，治疗虚劳咳嗽、痰中带血、气喘、腰痛等病症，非常有效。

真菌是如何钻入幼虫的体内，又是怎么在幼虫体内寄生那么长时间后，最终从虫嘴长出一棵草的呢？迄今为止还是一个谜。

热带雨林在干旱时才会生长之谜

美国科研人员最新发表的一项研究结果让人吃惊，他们发现亚马逊地区的热带雨林在干旱时才会迅速生长，而这与我们日常生活中一般常识——植物在雨季繁茂而在旱季枯萎的规律正好相反。

据美国"生活科学网站"报道，此项研究的负责人——美国亚利桑那州大学科学家阿尔弗雷多·韦特说："世界上多数绿色植物普遍遵循一个生长模式，那就是在雨季变绿而且植株繁茂，而到了旱季树叶就枯萎凋零，这是因为土壤中没有足够的水分继续支持植物的生长。""然而，在亚马逊的大部分地区，我们看到了相反的现象。"韦特说，"一旦雨季结束进入旱季，亚马逊就活了过来。树木冒出新叶，绿色植物生长茂盛，雨林在整个旱季里都是绿油油的。"

为什么会这样呢？韦特在《地球物理研究快报》上说，这种"古怪"现象只出现在没有被人干扰过的雨林中。科学家们认为，这里的植物的根系深深扎在泥土中，就算在干旱季节也能够汲取足够水分，因此决定其生长期的就不是雨水，而是光照。在那些已被开发利用的地区，绿色植物的根达不到那么深，因此在旱季就会处于休眠状态或死亡。

此项研究结果是根据美国宇航局"Terra"号卫星的观测数据分析所得，（这颗卫星负责观测地球上的绿色植被）当植物生长旺盛时，植物会含有更多绿叶素，因而就显得更绿。

植物王国之最

谁能想象得出，对38种水果的研究表明，鳄梨是含热量最高的水果。这一夺冠水果的每100克果肉中含163千卡热量，它还含有维生素A、维生素C和维生素E，此外它还含有2.2%的蛋白质。相反热量最低的是黄瓜，每100克果实中含有16千卡热量。

植物王国的数字是非常有趣的。植物王国中寿命最长的植物是在美国加利福尼亚发现的"纯系之王"，估计它的年龄为1.17万年，它是已知的木馏油植物中最古老的植物。

根据1992年12月的报道，生长在美国沃萨奇岭的杨树是最大的植物，仅一棵树的根系就在方圆43公顷土地内延伸，一棵杨树的重量就达约6000吨。

1984年10月，在巴哈马群岛中的圣萨尔瓦多岛的水下269米深处发现了长在地球最深处的植物，它们是生长中的一些栗色海藻，尽管在那里阳光消失了99.9995%。

生长在海拔最高处的花卉，是1955年在喜马拉雅山脉的加梅德山上发现的，花卉长在海拔6400米处。

据专门描写植物的文学作品说，在南非的一个地方，发现了世界上根扎得最深的植物——野生无花果树，它的根系延伸到地下120米深处。

人们已发现，一种名叫冬黑麦的植物在0.051立方米的土地内长出的须根，总长度达622.8公里。

生长得最快的植物是地球上现有的45种竹子，每天生长的高度为91厘米。

地球上最原始的花卉，是1989年两位美国科学家在澳大利亚墨尔本的一块化石上发现的，估计它是1.2亿年前的花卉。由这种花卉（与现代植物黑胡椒相似）演变而来的被子植物，有两片叶子和一朵花。

花朵最大的植物是寄生的臭百合花，颜色为深橘黄色和浅橘黄色，花朵的直径为91厘米，花瓣的厚度为1.9厘米，一朵花的重量为11公斤。在东南亚的热带雨林里，这种百合的生长依附于黑莓。

开得最慢的花是1870年在玻利维亚海拔3960米的高山上发现的。当这种植物的生长期达到80～150年的时候，花瓣开放，随后便死亡。

世界上最小的开花结果的植物是澳大利亚的出水浮萍，这种植物长0.6毫米，宽0.33毫米，重量为0.00015毫克，它的果实像一个微小的无花果，仅重0.00007毫克。

世界上最大的仙人掌是生长在美国加州和亚利桑那州以及墨西哥的名叫萨瓜罗的仙人掌。它的圆柱体以仙影拳的方式伸出几条胳膊。它是1988年1月17日被发现的，当时它的高度为17.67米。这种仙人掌生长十分缓慢，在它生命的最初10年，它所长出的萌芽不足一英寸，从此以后它便以每年10厘米的速度生长，长到50～75年的时候，它第一次开花。

叶子最大的植物是生长在印度洋马斯克林群岛的棕榈树，其次就属非洲和南美洲的竹棕榈树了。棕榈树的叶子长20米，叶柄长3.96米。

种子最大的植物是扇形椰枣树，它的种子体积通常有两个椰子那么大。但扇形椰枣树的种子只有一个，重量可达20公斤，种子生长期需要10年。这种树只生长在塞舌尔群岛。

在草类植物中，最大的草要属起源于高加索的吞没草，它高3.65米，叶长91厘米。

草的毒性往往通过受影响的农作物的数量和出现毒草的国家的数量来估计。根据这一惯例人们得出结论，世界上最危险的草是起源于印度的红褐色高莎草，这种草在92个国家危害着52种农作物。

粘膏树有何神秘之处

粘膏树普遍生长在广西南丹县白裤瑶村寨的周围，树干最高达20米，树龄最长的在200年以上。粘膏树是当地人的称谓，一些植物学家曾多次深入到瑶乡对粘膏树进行考察，始终找不到该树的学名，只好把它定性为椿科类植物。

粘膏树是一种极赋灵性的植物。凡是白裤瑶居住越密集，风俗越古朴，习性越原始的地方，粘膏树就长得越多，越高大，产的粘膏也就越好。

没有粘膏树可以说就没有白裤瑶，因为白裤瑶的称呼主要缘于它的服饰，如果没有粘膏树，白裤瑶的服饰根本无法制作，那么以服饰为特征的白裤瑶也就不复存在了。

粘膏是白裤瑶制作服饰的必需品：

粘膏树的粘膏是白裤瑶制作服饰的必需品，他们将取下的粘膏用特制的画笔蘸画在白土布上，把布面绘制成一幅幅图案，然后染、煮、浸泡、晒干后，布面黑、白、蓝相间分明。心灵手巧的瑶族妇女就根据纹路，用五颜六色的花线在布面上精心刺绣。做一套白裤瑶衣裙要经过三十多道工序，制作时间长达半年之久。没有粘膏，永远不可能制作出斑斓的白裤瑶服饰，即使是在科学发达的今天，粘膏的作用也还没有任何化学物品能够取代的。

粘膏是白裤瑶家里的常年必备品，在白裤瑶村寨，哪怕是最贫困的家庭都收藏有粘膏。粘膏不仅供白裤瑶自己用，而且还有一定的市场，许多白裤瑶同胞把收取来的粘膏除了留下足够自己使用外，剩余部分还向外出售。在白裤瑶村寨中，粘膏树从来没有公有化过，即使是在大集体的年代也是如此。因此有的上百年的粘膏树成了祖宗树，作为祖上的产业一代传给一代，他们年复一年从不间断地在每一棵树上砍凿着、呵护着。白裤瑶历来对粘膏

△ 从粘膏树上取粘膏汁

树护理周到，关爱有加，他们从来不使用这种树起房造屋和制作木具，也不把它作为薪炭柴砍来烧掉，而是让其自生自灭。

必经砍凿才出粘膏：

粘膏虽然出自粘膏树，同时也出自于白裤瑶的智慧、辛勤和汗水。一株粘膏树要想永远产生出粘膏，必须经过白裤瑶一代又一代的用钢刀利斧在树干上不断地砍凿，不经砍凿的粘膏树是永远长不出粘膏的。

里湖乡有个白裤瑶居住的寨子叫怀里屯，该屯村头有一棵需3个人才能合抱的粘膏树，树龄长达百年，由于没有经过砍凿，至今没有流过一滴粘膏。白裤瑶非常懂得粘膏树的习性，他们砍凿粘膏树时也很有讲究。当粘膏树长到2米多高时，他们就从1.5米以上的部位进行有规则地砍凿，砍凿的时间选在每年的四月份，砍凿的形状像蜜蜂筑巢一样。这些经过砍凿的树干，到第二年春暖花开的时候就有粘膏从砍凿的部位自然流出。年年砍凿，年年流，砍凿越多越久，流出的粘膏就越多，膏质就越好。如果中间少一年不砍凿，膏树就会自然枯死。一棵初次被砍凿的粘膏树，第一年只能生产几两粘膏，随着树龄的增长和不断地砍凿，粘膏的产量也逐年提高，一棵百年粘膏树可产粘膏10公斤。粘膏均呈淡黄糊状，不溶于水，因此用它绘成图案煮泡后，还可以回收再用。一般一个白裤瑶家庭一年需要用粘膏五六斤，富裕的家庭多达20斤。在南丹县大约有七八千户白裤瑶家庭，粘膏用量十分惊人。

粘膏树与白裤瑶村寨共生共存：

一些壮、汉族村民曾多次移植过粘膏树，但是都没有成功，有的虽然勉强成活下来，却像铁树一样永远也长不大。粘膏树形状独特，有别于其他树木，每棵树的树干都是中间大两头小，中间部位要比两头大出七八倍，有的甚至十多倍，远看如同两个底部重叠的巨大葫芦。当夜幕降临的时候，人们走进白裤瑶村寨，那一棵棵奇形异状的粘膏树恰似一个个腆着大肚的孕妇，因此许多外地游客又把它称为母亲树。粘膏树是一种具有人性化的树木，它始终离不开白裤瑶祖祖辈辈生息的土地，古往今来都是如此。

2001年，上海一个开发商来到广西南丹县里湖乡的白裤瑶村，以每棵1.5万元买下了4棵粘膏树，打算运至上海栽作风景树，正当起运时被当地政府没收。没收后的4棵粘膏树就地移栽在乡政府附近的小广场旁边，虽然指定人经常护理，却没有一棵能成活下来。也在同年，南丹县旅游局搞了个旅游开发区，又从白裤瑶村寨挖来了10多棵粘膏树移栽到开发区内，结果全部枯死。为什么这些粘膏树一旦离开白裤瑶村寨就不能成活呢？这个现象让人百思不得其解。

由于长期以来人与树的和谐相处，所以在白裤瑶村寨周围，一棵棵粘膏树高大挺拔，百年老树随处可见，形成了白裤瑶山乡一道亮丽的风景线。

揭秘致幻植物

什么叫"致幻植物"呢？简单地说，就是指那些食后能使人或动物产生幻觉的植物。具体地讲，就是指有些植物，因它的体内含有某种有毒成分，如裸头草碱、四氢大麻醇等化学物质，当人或动物吃下这类植物后，可导致神经或血液中毒。中毒后的表现多种多样：有的精神错乱，有的情绪变化无常，有的头脑中出现种种幻觉，常常把真的当成假的，把梦幻当成真实，从而做出许许多多不正常的行为。

有一种称作墨西哥裸头草的蘑菇，体内含有裸头草碱，人误食后肌肉松弛无力，瞳孔放大，不久就发生情绪紊乱，对周围环境产生隔离的感觉，似乎进入了梦境，但从外表看起来仍像清醒的样子，因此所作所为常常使人感到莫名其妙。

当人服用哈莫菌以后，服用者的眼里会产生奇特的幻觉，一切影像都被放大，一个普通人转眼间变成了硕大无比的庞然大物。据说，猫误食了这种菌，也会慑于老鼠忽然间变得硕大的身躯，而失去捕食老鼠的勇气。这种现象在医学上称为"视物显大性幻觉症"。褐鳞灰产生的致幻作用则是另外一种情形。服用者面前会出现种种畸形怪人：或者身体修长，或者面目狰狞可怕。很快，服用者就会神志不清、昏睡不醒。大孢斑褶的服用者会丧失时间观念，面前出现五彩幻觉，时而感到四周绿雾弥漫，令人天旋地转；时而觉得身陷火海，奇光闪耀。

美国学者海姆，曾在墨西哥的古代玛雅文明中发现有致幻蘑菇的记载。以后，人们在危地马拉的玛雅遗迹中又发掘到崇拜蘑菇的石雕。原来，早在三千多年前，生活在南美丛林里的玛雅人就对这种具有特殊致幻作用的蘑菇产生了充满神秘感的崇敬心情，认为它是能将人的灵魂引向天堂、具有无边法力的"圣物"，恭恭敬敬地尊称它为"神之肉"。

国外有不少科学家相继对有致幻作用的蘑菇进行过研究，他们发现在科学不发达的古代，秘鲁、印度、几内亚、西伯利亚和欧洲等地有些少数民族在进行宗教仪典时，往往利用

△ 罂粟花，内含可卡因、吗啡等，具有麻醉性和致幻性

致幻蘑菇的"魅力"为宗教盛典增添神秘气氛。应该引起注意的是，这种带有浓厚迷信色彩的事情，在科学已很发达的今日仍被某些人利用，作为他们骗取人们钱财的一个幌子，这是非常可悲的！

除了蘑菇，大麻也有致幻作用。大麻是一种有用的纤维植物，但是在它体内含有四氢大麻醇，这是一种毒素，吃多了能使人血压升高、全身震颤，逐渐进入梦幻状态。再比如，在南京中山植物园温室中有一种仙人掌植物，称为乌羽飞，它的体内含有一种生物碱——"墨斯卡灵"，人服用后 1～2 小时便会进入梦幻状态。通常表现为又哭又笑、喜怒无常。这种植物的原产地在南美洲。由于致幻植物引起的症状和某些精神病患者的症状颇为相似，药物学家因此获得新的启示：如果利用致幻植物提取物给实验动物人为地造成某种症状，从而为研究精神病的病理、病因以及探索新的治疗方法提供有效的数据，那将是莫大的收获。

海藻用抗生素对抗微生物

海藻能利用自然生成的抗生素来保护自己不受某些病原体的侵袭。这一发现将有助于解释为什么某些海藻、海绵和珊瑚能够避免菌类和细菌的感染。佐治亚理工学院副教授朱莉娅·库巴内克说："海藻时刻与一些危险的微生物有接触，它们显然进化出一套化学防御体系来帮助抵抗疾病。这些植物有一套很有效的防御方法。"

△ 海藻

当把一种叫匍扇藻的普通海藻中所含的一种抗菌化合物分离出来后，他们发现这种独特化学物质的结构以前从来没有见过。

她的同事保罗·简森说："在对许多不同藻类植物的调查中，我们发现了抗微生物的活动。基于此，我们认为抗微生物的化学防御系统可能要比过去所认为的更加普遍。匍扇藻可能只是利用天然抗生素防止感染的许多物种中的一种。"

简森设计出一种生物检测方法，测量匍扇藻的抗微生物能力。他把采集来的海藻的生物提取物同菌类或细菌放在一起观测样本，看其中的微生物是否增长。在检测的51份样本中，46份表现出强力的抗菌活动。库巴内克解释说，样本中微生物的生长被抑制表明，自然的抗微生物化合物是有效的。

海底微生物也能"发电"之谜

海下存在着一种"魔力",可能成为未来电池充电的途径。将取自海底的水和沉积物装在一个容器里,加入一些细菌,然后插入两个电极,其中一个电极插入沉积物中,另一个电极插入水里,将两电极的另一端接一个电灯泡:电灯泡竟然亮了!这是马塞诸塞大学德里克·勒夫莱小组取得的研究成果。

后来,另一个科研小组也证明了这一点:可以设法"回收"电力,方法是将一个电极插入海洋沉积物中,另一个电极插入海水中,使两极形成一个电路。该科研小组还指出,如果海底细菌被消灭,这个"发电"过程就会停止。

马塞诸塞大学的研究人员在实验室(一个咸水鱼缸)里成功地再现了这一过程。细菌消化(即"吃")取自海底的有机物质,从而产生多余的电子,电极则"吸收"这些电子。在实验室里,每平方米电极能产生16毫瓦电。更为令人惊讶的是,细菌都很喜欢在有电极的环境下生活。

通过消化有机物以发电,这并不是什么新思想。但这一原理应用于海底沉积物,从理论上说则能产生取之不尽的电力。然而,鉴于电子接收装置单位面积的电量很少,"沉积物电池"是无法满足耗电量大的机器的用电需要的,也无法满足人群的用电需要。

尽管如此,产生于海底的这种电能仍足以满足海洋学仪器(测量海水温度、海水构成、海洋水流等的仪器)的用电需要。更重要的是,可以运用上述原理消除对海水的污染,还可以用于处理精炼厂(如炼油厂)产生的有机沉积物:"收集"多余的电子可以刺激消化有机物的细菌的胃口。

细菌为什么称为生命的支柱

现代生物学最重大的发现之一是证实了丰富的微生物世界在地球生命发展中的重要地位，细菌就是微生物中特殊的一员。

细菌存在于地球的各个角落，在地底深处、海洋里和空气中都有细菌。细菌的细胞组织没有核膜，属于原核生物。几乎所有的细菌都是无色的，少数细菌有颜色，细菌的平均直径为1微米。

要区分不同的细菌，必须使用光学和电子显微镜，细菌按形态可分为球菌、杆菌和螺旋菌。

有些细菌的外部生有纤毛或鞭毛，这些长度不一的丝状物构成运动器官。大部分细菌的细胞壁坚硬、有韧性和弹性，保障了细菌形态的稳定。

不同类型细菌之间细胞壁的生化构成差异，使它们在遇到革兰氏染剂时出现不同的反应，以此可以区分革兰氏阳性细菌（用酒精清洗过后仍保持颜色）和革兰氏阴性细菌（酒精浸泡后会将颜色冲走）。

中间体是细胞外部结构中的重要组成部分，它是细胞膜的褶皱，对细胞核的分裂起重要作用。

有些革兰氏阳性细菌能够合成一种抵抗结构（孢子），使其在不利的条件下也能存活，并在条件转好后重新恢复本来形态。

一般来说，非病原菌具有重大的利用价值，它可以促进氮和碳的循环，以及硫、磷和铁等元素的新陈代谢。土壤和水里的细菌是保持生态平衡不可或缺的因素。

在食品和化学工业中，常利用细菌来合成维生素和抗生素。细菌还是肉、酒、蔬菜、奶和其他日常消费品腐烂变质的罪魁祸首。

有些细菌因为具有发酵功能，被用来制作奶酪、酸奶、腌肉和咸肉。在鞣制皮革，烟草加工，保存谷物、纺织品和药物等过程中，细菌也起着重要作用。

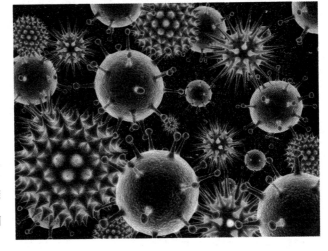

△ 细菌

细菌存在于几乎一切环境中，并参与一些生态进程。例如，它能够使死鱼身上发出磷光，也能导致干草垛和稻草自燃。

细菌在大自然和人类生活中扮演重要的角色，正常菌群的存在是必不可少的，但细菌的活动可能会改变一些食物的构成和口味，最终成为疾病的根源。

最新研究成果表明，尽管肉眼无法看到它，但微生物世界在地球的生物大家庭中占有相当大的比重。

科学研究的另一个惊人发现，是细菌攻占了地球的各个角落，从寒冷的南极到海洋深处，无所不在。

但只有开始对细菌的DNA进行分析时，生物学家们才发现真正的生物进化奇迹。无论是微观生命还是宏观生命，似乎所有的生命体都起源于38亿年前的几种细菌。

据科学家推测，生态学家后来认定的三大进化分支（即古细菌、真细菌和衍生出有核细胞的另一类细菌）都是由这几种细菌演变而来的。而这三大分支又派生出无数的小分支，其中的一支可能是后来动物和人类的起源。

可见，细菌被称为生命的支柱毫不为过。

揭秘真菌的"真面目"

从远古时代以来，真菌就对生态、社会和经济产生影响。同时，真菌的多样性使其成为继昆虫之后的第二大有机体群。

真菌存在于一切地方，如水中、地上、空气里（孢子）、寄生在植物上、应用于食品业和制药业、根茎周围（共生的苔藓）、草原上和森林里（蘑菇）。

真菌包括任何一种有机物质腐烂时所产生的霉菌、引起农业灾害的真菌、导致皮肤病的真菌、制作面包和啤酒用的发酵剂、使乳酪具有香味的真菌以及用来制作青霉素的真菌，如药用青霉。

真菌的体积、颜色和形式多种多样，但有一个共同特点：缺少叶绿素或进行光合作用的色素，因此它们需要寻找已制成的营养物质。

真菌是以网状形式或菌丝体形式存在的由丝状物（菌丝或细胞串）组成的物质。它们通过孢子繁殖，孢子组成了孢子结构，形成了这种有机体更加显而易见的部分。

传统上真菌被包括在植物王国里，它们被认为是没有叶绿素的植物，尽管它们并不属于植物界。

真菌的突出特点是吸收营养，而植物则是通过光合作用吸收养分，动物则通过吞下食物吸收营养。

真菌在潮湿和阴暗的地方生长得更好，因为它们无须阳光生存，它们是在隐蔽王国中生存的生物。

隐蔽在地下、木头上或其它食物中的菌丝体可以有不同的大小，每天分叉的菌丝其长度可达1公里。

真菌是以寻找营养源的方式生长的。

△ 蘑菇

一些真菌腐蚀着有机物质，另一些则给动植物造成了病害，还有一些是植物的伴侣，因为它们向植物提供矿物质营养，而从植物那里得到自己不能产生的营养。

当很多人食用着各种体积、颜色和形状的蘑菇时，另一些人则在忍受它们所导致的疾病。

各种各样的真菌被应用在传统医药上，它们可用于治疗皮肤出血、痢疾、便秘、溃疡和丘疹。现代医药还从真菌中提取多种抗菌素，其中的几种产品被用于治疗不同的疾病，如癌症等病症。从真菌中提取的一些药品甚至可以治疗被移植器官的排斥反应。

除了真菌在生物界具有巨大的用途外，作为物质来源并由于其生物活性，它们还是植物生长的刺激剂（菌根形成的真菌）。

另一方面，从远古以来，人类在制作面包、溶剂和传统饮料（龙舌兰酒、特帕切酒和仙人掌果酒等）时就一直在使用发酵剂，通过发酵，人们还获得了葡萄酒和啤酒。

可食用的真菌多于有毒的真菌。应用在食品上的几种真菌有极高的经济价值，它们早已成为商品。

真菌还有其它好处，特别是可以帮助我们解决日益增多的垃圾这一迫在眉睫的问题。

大部分固体垃圾，无论是工业、农业还是家庭产生的，都含有大量的有机物质，特别是纤维、半纤维和木质素（很难被生物降解且污染性极强）。由于使用了微生物（包括真菌）的生物转化技术，人们就可以把这些废物变成有用的物质（供人类和动物使用的蛋白质、树脂、塑料和生产聚合物的原材料）。

此外，各种各样的寄生真菌对于用生物方法控制植物病虫害来说有着很高的价值，这比使用杀虫剂要经济得多。

真菌还具有重要的社会价值，从人类进入文明社会以来，人们就把它们应用在很多宗教仪式上。

据估计，地球上现有的真菌种类超过100万，但被专家研究的只有约7万种。

很多国家的植物、特别是森林是多种真菌的自然栖息地，然而它们正在被大规模破坏，给生物多样性和生态环境造成了严重问题。与此同时，多种真菌已经消失，一些真菌在全世界已濒临灭绝。

秋叶养林之谜

当白天变短，水银柱开始下降的时候，上百万美国人前往山区，凝望闪耀着绯红、橙黄和金色树叶的森林。这是大自然在单调的冬天来临之前的最后放纵。

秋叶奇景美丽，但也许体现了更为重要的东西。鲜艳的色彩，尤其是红色，可能表示树木竭力摆脱昆虫、污染和干旱的伤害。美国林业局植物学家保罗·沙伯格说："这也许是压力的一个迹象。"

沙伯格和其他生物学家正在解决一个大多数人没有认识到的未解之谜，即为什么有些阔叶树在秋天变成红色，而非黄色或橙色。他们还试图确定，环境因素是否影响色彩改变的时间和程度。

在东部和中西部，答案不止会引起一时的兴趣。在那些地区，秋叶旅游是一桩大生意。但是目前，科学对叶子不按时变色还无能为力。天气会影响秋叶变色的时间和程度。沙伯格说2003年偏暖，使美国东部的大部分地区树叶变色的高峰时间晚了一周或更多。

数十年来，生物学家认为，叶子变色是树木和其它阔叶植被准备过冬而进入休眠状态的偶然副产品。

在春季和夏季，植物和树叶是绿色的，因为它们产生叶绿素。叶绿素是一种利用太阳光帮助从二氧化碳、水和其它营养物质制造养料的色素。但是到了秋天，白天变短，夜晚变凉，促使植物停止光合作用，将水和养料输入和输出叶子的叶脉堵塞，把叶子连到树上的细胞退化，直至叶子脱离，落到地上。

叶子在掉落之前会变色，显露出其它色素。后者为在叶子生长季节产生的压倒性的绿色叶绿素所掩盖。有些树叶因为含有叶黄素而变黄，其它树叶

△ 秋天的森林

因含有胡萝卜素变成橙色。

　　但是很多树木在秋天产生另一种色素——花青素，使树叶变成红色或紫色。科学家一度认为，花青素没有用，只是叶脉堵塞时困在叶子中的糖分的一种产物。美国威斯康星大学麦迪逊分校的植物生理学家威廉·霍克说，如今，"我们知道大自然比那更有效"。

　　在过去几年，生物学家提出种种设想，认为花青素发挥遮光剂、防冻液、抗氧化剂和驱虫剂的作用。如今很多科学家认为，花青素帮助树叶免受过量阳光的伤害，使树木在秋天能够延长进行光合作用的时间，储存更多养料。

为什么叶子在秋天会变色

秋天叶子急剧变色的原因是相当复杂的。从根本上来说，叶子为树提供了生存和成长的养料。春天当叶子伸展开不久，新的嫩叶就开始通过叫做光合作用的过程来制造养分，这是一个利用阳光的能量将植物从泥土和空气中所吸收的原料结合起来的

△ 深秋的红叶

复杂过程。植物光合作用所需要的基本要素是阳光、水和二氧化碳，二氧化碳也就是我们呼吸时呼出的气体。

二氧化碳通过叶子表面的小孔进入叶中；水由根从泥土中吸入植物体内，并通过细小的脉络传递到叶子中。当这些半成品到达叶中并接触到阳光后，就发生了光合作用，为植物自己制造出了养分。在叶子中有一种叫叶绿素（绿色色素）的微小粒子。这种绿色素不仅赋予了叶子绿色的颜色，它也确保光合作用能顺利进行。

当秋天光照逐渐减少，树木就会停止制造养分。因为光合作用结束了，叶绿素也不再需要了，于是叶子就把它破坏了。由于绿色开始消退，那些被绿色遮掩住的黄色和桔红色色素就开始显现。亮红色的显现需要明亮的光照和凉爽的晚间气温。在每年的霜冻初期，叶子的颜色更接近于褐色。

植物为何也有血型

　　大家知道，人和动物的血液中都含有红细胞，

　　在红细胞的表面有一种特殊的抗原物质，是它决定了血液的类型，即我们通常所说的"血型"。而使人感到惊奇的是，人们发现植物也有血型。一名日本科学家认定植物有血型。他研究了五百多种被子植物和裸子植物的种子和果实，发现其中60种有O型血型，24种有B型血型，另一些植物有AB型血型，但就是没有找到能够断定是A型的植物。植物既没有红色的血液，又没有红细胞，怎么会有血型呢？这一科学之谜，引起了科学家们的纷纷关注。

　　后来人们研究证实，植物体内确实存在一类带糖基的蛋白质或多糖链，或称凝集素。有的植物的糖基恰好同人体内的血型糖基相似。如果以人体抗血清进行鉴定血型的反应，植物体内的糖基也会跟人体抗血清发生反应，从而显示出植物体糖基有相似于人的血型。比如，辛夷和山茶是O型，珊瑚树是B型，单叶枫是AB型，但是A型的植物仍然没有找到。

　　为了搞清楚血型植物的基本作用，科学家对植物界进行了深入研究，得出这样的结论：如果植物糖基合成达到一定的长度，在它的尖端就会形成血型物质，然后合成就停止了。血型物质的黏性大，似乎还担负着保护植物体的任务。

　　对植物血型的探索，还只是刚刚揭开帷幕，但是植物界为什么会存在血型物质，为什么又找不到A型的植物？血型物质对植物本身有什么意义等问题，还没有完全弄清楚，尚待科学家们去进一步研究和探索。随着研究工作的不断深入和发展，人们也将会揭示出植物血型在其它方面的广泛用途。

指南树为何总是指向南极

东南亚各国有一种常见的印度扁桃树，树的外形十分奇特：它的树枝与树干形成直角，而且只向南北两个方向生长。因为人们能轻易根据树枝的方向来辨别东西南北，故有"指南树"之称。

在非洲东海岸马达加斯加岛上，也生长着一种"指南树"。树高约25英尺，树干上长着一排排细小的针叶。不论这种树长在什么地段、什么高度，它的细小针叶总是指向南极。出没于森林中的大人小孩，总是靠这种树来确定方向，为当地人们的出行带来了极大的方便。

在中国的内蒙古大草原还有一种"指南草"，它是野莴苣的俗称。这种植物的叶子基本上垂直地排列在茎的两侧，而且叶子与地面垂直，呈南北向排列。

这些植物为什么会"指南"呢？这不禁让人们感到很神奇。

近些年来，科学家们经过研究已经得知了"指南草"指南的原因：

原来在内蒙古草原上，草原辽阔，没有高大树木，人烟稀少，一到夏天，骄阳火辣辣地烤着草原上的草，特别是中午时分，草原上更为炎热，水分蒸发也更快。在这种特定的生态环境中，野莴苣练就了一种适应环境的本领：它的叶子，长成与地面垂直的方向，而且排列呈南北向。这种叶片布置的方式有两个好处：一是中午时，亦即阳光最为强烈时，可最大程度地减少阳光直射的面积，减少水分的蒸发；二是有利于吸收早晚的太阳斜射光，增强光合作用。科学家们考察发现，越是干燥的地方，生长着的这种"指南草"指示的方向也越准确。其道理是显而易见的。

可是对于指南树来说，原因却没这么简单，为什么这些树种会生长得如此方向明确，还没有人能够解释清楚。

高寒植物的"秘密武器"之谜

生长在高寒草甸的植物，为了适应干冷恶劣的自然环境，都拥有生存的"秘密武器"。通过解读这些秘密武器，我们才可能发现高寒植物为什么有强大生命力的原因。

胎生繁殖是植物对生长期短、生态条件恶劣的高山环境的一种适应方式。常见的胎生植物有珠芽蓼、点头虎平掌、胎生早熟禾等。它们在高海拔地区生长发育、开花结果。当种子成熟后，不经过休眠期，立即萌生成幼苗，然后落地生根，在雪被的保护下安全越冬。

在终年冰雪带以下，寒冻风化作用极为强烈，山麓、山坡以至山顶到处是裸岩、碎屑、石块，宛如一片石海。岩石或石块表面生长着五颜六色的地衣，构成许多美丽的图案。地衣不怕风吹、雪盖、日晒和雨淋，并能分泌出特有的地衣酸来溶解和腐蚀岩石表面，以取得必要的养料，加速岩石表面的风化，使其转化为土壤，为其它植物的生长提供必要的条件。地衣类植物通常分布在雪线附近几百米的地段，被称为高山区域的"先锋植物"。

搬开垒叠在一起的石块，可以发现石块间积聚着许多细小的土粒，其间生长着一些高等植物。最惹人注目的是全身密布白色绒毛的雪莲。这是菊科凤毛菊属植物。雪莲又叫"雪兔子"。远远望去一株株雪莲犹如一只只白色的玉兔，用它那浓厚的绒毛抵挡着凛冽寒风的袭击，在皑皑冰雪中傲然屹立。它的根系长达一米以上，为地上部分的五至十倍。

坐垫植物在高原上分布广泛，它们是在高山极端环境下形成的具有特殊形态结构的地上芽多年生草本植物。坐垫植物比较矮小，植株分枝多，茎节间强烈短缩，枝条排列成流线型的垫状体，呈半球状倒覆贴于地面。它们的叶缩成鳞片状、针状或极小的叶片覆于表面，小枝间有枯叶，细土充填，具有保护生长点和越冬芽与增加热容量的作用。白天，它们吸收大量的太阳辐射热，而散热则较慢，体内水分蒸腾也较少，形成了有利的"微环境"。坐垫植物的主根多粗大而深入地下，保证了地上部分有足够的水分和养分供应。典型的垫状植物有枝叶密集的囊种草、盛开细小白花的苔状蚤缀和垫状

△ 高寒草甸

点地梅等。在藏北高原，囊种草的根系集中分布在离地表十至五十厘米内，其侧根发达，根系展布范围的直径相当于垫状体直径的七至十二倍。

植株矮小是高山植物的又一生存武器。以柳属植物为例，在海拔较低的雅鲁藏布江中游谷地，它是绿影婆娑、垂枝飘拂的大树，但在高山带，它却成为几十厘米高的植物，有的甚至仅两三厘米高，蔓地而生。又如沙棘，在藏东南低海拔的谷地中它可高达十多米，但在羌塘高原上却成为只有几厘米高矮小灌木了。在高原东南部的高山上，以三至五厘米高的小嵩草为主组成的高山草甸植被结构简单，层次分化不明显，宛如铺在高原上的绿色地毯。它的生物生产量低，但其草质柔软，营养丰富，适口性强，成为良好的暖季牧场。在比较湿润的高山，有圆穗蓼、香青、紫菀、委陵菜、黄总花草等和嵩草一起生长。这些杂草高十至二十厘米，盛开着粉红色、紫色、黄色等各色花朵，五彩缤纷。高山上花色艳丽的植物不胜其数。蓝紫色的龙胆；黄色、红色、蓝色的绿绒蒿；白色银莲花；金黄色的金莲花；深红色的角蒿。有的呈塔状矗立，有的连成一片，像色彩斑斓的锦缎，给高原增添了一道迷人的景色。

高山上的灌木也种类繁多，数量丰富。其中最引人注目的是杜鹃属植物。森林带上部的山地阴坡生长着无鳞杜鹃灌丛，它们枝干稠密，郁闭潮

湿，满布苔藓，使人难以通行。在开阔的高山上，有鳞杜鹃灌丛，植株逐渐变矮，它们绽放着粉红色、蓝紫色、黄色、白色的花朵，组成山花烂漫的世界。随着水分条件的变化，祁连山和冈底斯山东段西北的羌塘高原上则没有杜鹃灌丛。

和杜鹃灌丛形成鲜明对照的是生长在山地阳坡的圆柏灌丛。在低海拔的森林带内圆柏高达五到十米，而在高山带内，它的高度仅半米或一米，呈直径一至一点五米的暗绿色圆盘状匍匐在坡面上。落叶的金露梅灌丛适生范围十分广泛。北起祁连山，南抵喜马拉雅山，甚至在半干旱的高原腹地它也可以生长。它们开放着金黄色的花朵给高原单调的景观带来了暖春的气息。这类灌丛可在海拔五千五百米的高山上生长，是迄今所知分布最高的灌丛之一，然而它却是灌丛家族中的侏儒，高仅三五厘米。

带刺的锦鸡儿灌丛在高原上也占有很重要的地位。常见的如高原南部湖盆周围山麓洪积扇及山坡上的西藏锦鸡儿和变色锦鸡儿灌丛，直径达一至二米，呈圆盘状伏在高原面上，构成独特的景观。在湿润、半湿润的高山上，箭叶锦鸡儿绽放着粉红色花朵格外惹人喜爱，使人们忘却了那满布密刺令人生畏的株体。

紫花针茅在高原上分布很广，富有代表性。它耐寒旱，高仅20厘米，组成外貌单调的草原景观。暖季末期花絮飘曳，在阳光照射和微风吹拂下，映现出缕缕银光，这种低矮的牧草和我国北方内蒙古高原。"天苍苍，野茫茫，风吹草低见牛羊"的景色全然不同。藏北高原上占优势的青藏苔草，地上部分只有十几厘米高，但地下的根深达一米多，支根又向水平伸展达两米以上。由于生态环境严酷恶劣，共茎叶上部多呈干枯状，具枯黄色的外貌。

寒冷干旱的高原西北部占优势的代表植物是垫状驼绒藜。它植株矮小，为垫形的小半灌木，形成一个个小圆帽状的坐垫。虽然高仅有十厘米，却有百年以上的寿命。它既能在含盐的、有多年冻土层的古湖盆底部形成高寒荒漠植被，又能生长在干旱的高山碎石坡上。

植物生长与地球自转有什么关系

科学家们发现，地球自转所形成的重力，对植物的成长发育有着很大影响。

地球自转对植物的影响，从外观上看，那就是无处不在的螺旋体。最明显的例子就是爬蔓植物啤酒花。我们在潮湿的混交林中或在河岸溪边，常可看到长得高高的、像一团乱麻似的啤酒花丛。这一团团乱麻就是它缠结在一起的细茎和心状的铲形叶，在多棱的爬行茎上长满锐利的钩刺，这些钩刺搭攀住附近的灌木或乔木。它的茎生长非常迅速，很快缠住树木的枝干，按逆时针方向盘旋上去，形成了左螺旋。有时它的茎还能自相缠绕，就像绳索一样。一般来说，爬蔓植物大都是沿着支撑体向右盘旋上升的，只有少数向左旋。啤酒花就属于这种特例。

除爬蔓植物外，其它植物的叶子也都是按螺旋方式长在茎上的。作为观赏植物的芦荟就是这样。如果我们再仔细观察榆树、赤杨、柞树以及柳兰、草地矢车菊等，就会发现，它们的叶子都是明显按螺旋方式排列在枝上的。另外，大多数草的叶子的排列也都是螺旋式的。正是由于螺旋式排列，才没有一片叶子正好长在另一片叶子的下面，这样即使长在最下面的叶子，也能享受到阳光的光照。大多数植物的叶子都是按顺时针方向盘旋而上的，逆时针而上的为数不多。通常的情况是，右旋植物的叶子右半部发育较快，左旋植物的叶子左半部发育较快。

我们还可按照叶序旋转的方向辨别出植物的性别。比如白杨、柳树、月桂树和大麻等植物，阴性的叶子是从左向右，阳性的叶子则从右向左排列。有些针叶植物，它们的螺旋性并不表现叶子在茎上的排列形式，而是表现在这些叶子的旋转方向上。像成对生的松树针叶常常是以螺旋式旋转的，而每一对松针旋转的方向总是一致的。

人们还发现，椰子树巨大的、带有花纹的叶子也是按螺旋式排列的，不过这种排列因其在赤道南北的位置不同而不同：生长在赤道以北的椰子树叶大多数是左旋的，而生长在赤道以南的则是右旋的。

不但植物的茎叶是螺旋排列的，它们的花朵上的花瓣也往往同样按螺旋方式集聚在一起。果实也不例外，有种叫复果的聚花果，也是按螺旋排列的。像向日葵的花盘，它的籽就是一个挨一个地从中心按螺旋式排列，而形成一个大圆盘的。松树和白杉的球果的鳞片也呈螺旋状。

只要再进一步深入研究，就会发现对动植物机体的发育有着决定性作用的脱氧核糖核酸，它的分子结构原来都是细长的双螺旋线。自然界中的蛋白质都是左旋的，而糖的原子排列则是右旋的。既然组成生物机体的分子是按螺旋曲张排列的，那么生物机体的整体都有螺旋状组织也就不奇怪了。

螺旋为什么在植物界无处不在呢，研究它有什么意义呢？这方面的研究，还远未达到令人满意的地步。

有些科学家认为，宇宙中的星体都在旋转，我们居住的地球绕太阳转，太阳系绕银河系的银核转，银核本身也在转。这种无止境的旋转对地球上的一切生物都会产生影响，这就是我们所看到的世界上存在那么多螺旋现象的原因。

还有的科学家设想，自然界中的螺旋状态乃是宇宙中运动的共同规律的反应。尤其是地球的永恒的匀速运动，地球的引力场和电磁场对植物的生长发育起着巨大的作用。

研究植物的螺旋状态，其意义也是显而易见的。植物学家分析，一些对人有益的植物，其性质也许就取决于叶序的方向或者叶子的旋转方向。即使是同一种植物，由于叶序左旋和右旋的不同，它们所含的药用物质或人体所需要的其他物质也是有差异的。一些科学家通过对几十种植物叶子的左右两半分别进行各种物质含量的化验，发现发育较快的那半边所含的叶绿素、维生素C和植物本身生活所必需的其他营养物都比另一边多。

这些对植物螺旋状态的研究还都是初步的，许多疑团还等待着人们去进一步探索。